高等职业教育"十三五"规划教材

CAD 技术与应用

主　编　马彩祝　何　成

副主编　赵岩峰　赵　禹

参　编　李　菊　庞　灿

西安电子科技大学出版社

内 容 简 介

本书在 AutoCAD 2016 软件的基础上，详细介绍了计算机辅助设计(CAD)的基础知识、基本概念和基本操作方法。

本书采取逐层深入讲解的形式，可使初学者快速入门。书中采用了大量实例，边分析、边绘图，有利于启发读者在 CAD 环境下的思维模式；书中介绍了一些绘图技巧，有助于读者提高专业设计能力，达到事半功倍的目的。

本书既可作为大中专院校建筑、室内装饰、园林设计、信息工程、机械等专业的入门教材，也可作为 CAD 技术培训教材，还可作为设计人员的参考书。

图书在版编目 (CIP) 数据

CAD 技术与应用/马彩祝，何成主编. —西安：西安电子科技大学出版社，2020.1(2024.11 重印)

ISBN 978–7–5606–5587–1

Ⅰ. ①C… Ⅱ. ①马… ②何… Ⅲ. ①计算机辅助设计—AutoCAD 软件—高等职业教育—教材 Ⅳ. ①TP391.72

中国版本图书馆 CIP 数据核字(2019)第 301069 号

策　　划　　明政珠
责任编辑　　阎　彬
出版发行　　西安电子科技大学出版社(西安市太白南路 2 号)
电　　话　　(029)88202421　88201467　　邮　　编　　710071
网　　址　　www.xduph.com　　　　　电子邮箱　　xdupfxb001@163.com
经　　销　　新华书店
印刷单位　　陕西博文印务有限责任公司
版　　次　　2020 年 1 月第 1 版　　2024 年 11 月第 5 次印刷
开　　本　　787 毫米×1092 毫米　1/16　印　张　14.5
字　　数　　341 千字
定　　价　　39.00 元

ISBN 978–7–5606–5587–1

XDUP 5889001–5

如有印装问题可调换

前　言

欢迎使用《CAD 技术与应用》教材。本书是一本颇具特色的讲解和训练软件操作的技术性教科书，是由学校与企业合作编写而成的。

随着计算机科学和计算机技术的迅速发展，计算机辅助设计(CAD)已得到广泛应用，并将产品的现代设计方法带进了一个崭新的阶段。

无论是机械制造还是土木建筑行业，一定都需要精确、快速、形象的设计功效，因此，CAD 技术早已是现代设计方式方法的主力军。本书内容基于 AutoCAD 2016，该版本与之前版本比较增添了许多强大的功能，如 CAD 设计中心(ADC)、多文档设计环境(MDE)、Internet 驱动、新的对象捕捉功能、增强的标注功能以及局部打开和局部加载等功能，从而使 CAD 系统更加完善。本书包括建筑、室内装饰、园林、信息工程、机械等行业的 CAD 设计教学章节。

本书的亮点是由浅入深，通俗易懂，注重实践，循序渐进。书中详细讲解了二维绘图的方法和技巧，希望能为读者学习 AutoCAD 提供帮助。

本书突出"实践"二字，所以，作者主张在教学过程中应充分注重实践教学环节。任何一种精湛的技能都是在长期的实践中锻炼和培养出来的，掌握计算机绘图(CG)技术也不例外，都必须反复亲自动手实践。

本书由广州华商职业学院马彩祝及深圳弘景装饰工程有限公司何成主编；广州华商职业学院赵岩峰、赵禹为副主编；广州大学华软软件学院李菊、庞灿参编。

马彩祝负责编写第 1～9 章、14～15 章及附录的编写，赵禹负责第 13 章的编写，赵岩峰、马彩祝及何成负责第 10 章的编写，李菊负责第 11 章的编写，庞灿负责第 12 章的编写。马彩祝教授负责全书的统稿工作。

衷心感谢西安电子科技大学出版社明政珠老师给予本书的大力支持和帮助。

由于我们对 AutoCAD 2016 的学习和理解程度有限，书中可能还存在不足之处，恳请专家和读者批评指正。

编　者

2019 年 10 月

目　　录

第 1 章　CAD 技术

随着科学系统与技术系统要素交集的不断增大及相互作用面的不断扩大，科学技术化和技术科学化的趋势越来越明显。科学与技术的相互渗透、转化和协同发展将形成 21 世纪的潮流，而计算机科学和计算机技术在这方面最具有代表性。

1.1　CAD 技术的概念

AutoCAD(Autodesk Computer Aided Design)是美国 Autodesk(欧特克)公司于 1982 年开发的一款自动计算机辅助设计软件，用于二维绘图、详细绘制、设计文档和基本三维设计，现已成为国际上广为流行的绘图工具。AutoCAD 具有良好的用户界面，通过交互菜单或命令行方式便可以进行各种操作。它的多文档设计环境，让非计算机专业的人员也能很快地学会使用。在不断实践的过程中，如果能掌握它的各种应用和开发技巧，就可以不断提高工作效率。AutoCAD 具有广泛的适应性，它可以在各种操作系统支持的微型计算机和工作站上运行。

AutoCAD 将向智能化、多元化方向发展。它在全球广泛使用，可以用于土木建筑、装饰装潢、工业制图、工程制图、电子信息工业、服装加工等多个领域。

本书采用 AutoCAD 2016 中文版(后文简称 AutoCAD)进行介绍，它是 AutoCAD 计算机辅助设计系列软件中较新的版本，是美国 Autodesk 公司在继承 AutoCAD 2015 及原有版本的基础上推出的新产品。

CAD(计算机辅助设计)系统是由计算机硬件系统和软件系统组成的，软件系统是 CAD 系统的核心，硬件系统为 CAD 系统的正常运行提供保障和环境。

1. 计算机硬件系统

计算机硬件系统由计算机主机和外部设备组成，如图 1-1 所示。

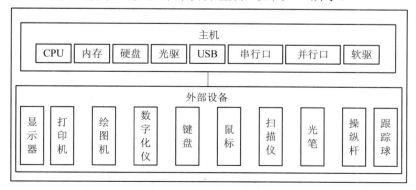

图 1-1　计算机硬件系统组成

2. 计算机软件系统

软件系统一般指由系统软件和专业应用软件组成的系统。

系统软件是 CAD 系统的重要组成部分，它为 CAD 提供了运行平台，它的功能强弱和性能的优劣，直接影响到 CAD 的运行效率。其中最重要的软件系统就是操作系统，如 Windows 系列的 Windows 7 企业版、旗舰版、专业版、家庭高级版或 Windows XP 专业版 (SP3 或更高版本)。系统软件指挥和控制计算机的所有软件和硬件资源。此外，软件系统还应安装相应的专业对口的应用软件、支撑软件、工具软件等。

AutoCAD 2016 具有以下特点：

(1) 精简多余组件，保留必需的 VB、VC、.Net 4.5.2、DirectX 组件运行库。

(2) 保留 Express 扩展工具；可以选择安装；安装完成后默认进入 AutoCAD 经典工作空间。

(3) 默认布局的背景颜色为黑色，调整鼠标指针为全屏，不启动欢迎界面以加快启动速度。

(4) 屏蔽并删除 AutoCAD 通信中心，防止 AutoCAD 给 Autodesk 服务器发送用户的 IP 地址及机器信息。

(5) 屏蔽 AutoCAD 中心，防崩溃。

(6) 完善一些字体库，通常打开文件不会找不到字体。

(7) 因精简删除了多余组件，屏蔽并删除了 AutoCAD 通信中心，屏蔽 AutoCAD FTP-文件传输中心，使 AutoCAD 的大小大幅缩减，32 位计算机处理器的 AutoCAD 2016 版软件只有 409 MB 大小，64 位只有 467 MB 大小。

(8) 快捷方式名为"AutoCAD 2016"。

(9) 默认保存格式为 DWG 文件。

(10) 不必启动"开始"界面即可运行。

3. AutoCAD 2016 启动向导

启动 AutoCAD 2016，有多种方法，最常用的方法是：

(1) 双击桌面上的【AutoCAD 2016】图标，出现如图 1-2 所示的 AutoCAD 2016 启动过程画面。

图 1-2　AutoCAD 2016 启动过程画面

(2) 单击【开始】下拉菜单，选择【所有程序】》【Autodesk】》【AutoCAD 2016 Simplified Chinese 】》【AutoCAD 2016】子菜单项。

4. AutoCAD 2016 的工作界面

AutoCAD 2016 的工作界面在默认状态下为"二维草图与注释"工作空间，这也是最常用的中文模型空间，如图 1-3(a)所示。图 1-3(b)所示为三维基础界面。AutoCAD 2016 在推出新的"三维建模""三维基础"界面的同时，仍保留了传统的 AutoCAD 经典模式，如图 1-3(c)所示。

(a) AutoCAD 2016 草图与注释

(b) AutoCAD 2016 三维基础

(c) AutoCAD 2016 经典界面

图 1-3　AutoCAD 2016 主窗口

1）标题栏

标题栏在主窗口最上面，显示的是"Autodesk AutoCAD 2016"的系统名称和 AutoCAD 2016 默认的图形文件名"Drawing1*"，如图 1-4 所示。对 AutoCAD 2016 的操作与 Windows 窗口的操作一样，单击左上角显示的 AutoCAD 2016 软件的小图标 ，会显示一个 AutoCAD 2016 窗口控制下拉菜单，同样可以执行管理窗口的任务，如图 1-5 所示。

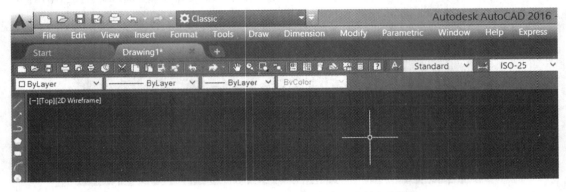

图 1-4　英文版 AutoCAD 2016 主窗口中的标题栏

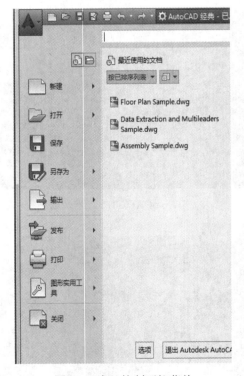

图 1-5　窗口控制下拉菜单

2）菜单栏

AutoCAD 2016 的菜单主要是由"文件""编辑""视图""插入"等 12 个下拉菜单组成的，这些菜单基本包括了 AutoCAD 2016 中的全部功能和命令。所以，使用下拉菜单绘图，基本可以找到所需的功能和命令。如图 1-6 所示为 AutoCAD 2016 的"视图"下拉菜单。

图 1-6　"视图"下拉菜单

3) 选项板

选项板用于显示与基于任务的工作空间关联的按钮和控制件，AutoCAD 2016 增强了该功能。如图 1-7、图 1-8 所示，选项板均可在标准工具条和"工具"下拉菜单中获取。

AutoCAD 2016 的特性面板如图 1-9 所示。

图 1-7　标准工具条

图 1-8　"工具"下拉菜单中的选项板

图 1-9　特性面板

4) 工具栏

工具栏是 AutoCAD 调用命令的另外一种形式。为了方便用户使用，AutoCAD 将一些常用命令按类别组织到一起，在工具栏上以形象化的图标按钮表示。当鼠标指到某个按钮并停留片刻时，鼠标旁就会显示对应的命令提示。图 1-10 所示为"特性"图标按钮命令提示。这样的工具栏 AutoCAD 提供了 30 多个。默认情况下，"工作空间"和"标准注释"工具栏处于打开状态。如图 1-11 所示为 AutoCAD 2016 的部分工具栏。

图 1-10　　"特性"图标按钮的命令提示

图 1-11　　AutoCAD 2016 部分工具栏

注意：在任何一个工具栏的空白处单击鼠标右键，都会弹出管理常用工具栏的快捷菜单。这是一个经常用到的快捷菜单，可以打开关闭的工具栏、打开"自定义用户界面"对话框等，如图 1-12 所示。

5）绘图窗口

绘图窗口是绘图的工作区域，该区域是没有边界的。用户可以在此进行图形绘制、编辑、显示等操作，并且可以通过选择菜单【工具】»【选项】»【显示】»【颜色】»【图形窗口颜色-对话框】»【上下文(X)-选项】»【界面元素(E)-选项】»【颜色】，改变区域的背景颜色。

在绘图窗口中除了显示绘图结果外，还显示当前坐标系类型，坐标原点，X、Y、Z 轴的方向。默认状态下坐标系为世界坐标系(WCS)。

绘图窗口的下方有"模型"和"布局"选项卡，供切换使用。"模型"空间主要用于图形绘制和编辑，"布局"空间主要用于图纸的布局、图形位置的调整，以便打印出图。

图 1-12　弹出的常用工具栏的快捷菜单

6) 十字光标

十字光标是 AutoCAD 在绘图区域中显示的光标，是绘图最重要、最活跃的成分，它主要是在绘制图形时指定位置和对象。光标为十字线时，其交点为绘图区域的坐标点位置，该位置实时显示在状态栏坐标区中。

7) 命令行

命令行窗口位于绘图窗口的下方，它是 AutoCAD 的输入与显示命令，是显示提示信息和出错信息的窗口。绘图时应经常观看这个窗口的指令和提示，避免盲目操作。所谓命令行，实际是一个交互区域。

用户可用鼠标拖动命令行窗口移动其位置，也可扩大和缩小窗口，扩大窗口可以方便查找用过的命令及数据等，缩小命令行窗口的目的是增大绘图区域。如图 1-13 所示为 AutoCAD 2016 的命令行。

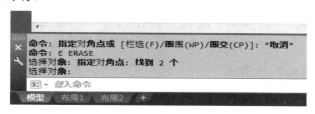

图 1-13　AutoCAD 2016 的命令行

8) 状态栏

状态栏是用来显示当前绘图状态或相关信息的，如当前光标的坐标、命令提示和功能按钮等信息，如图 1-14 所示。

图 1-14　AutoCAD 2016 的状态栏(局部)

在绘图窗口移动光标，坐标显示区会实时显示当前光标中心点的坐标值。坐标的显示方式与所选的坐标显示模式和程序中运行的命令有关。坐标显示模式有"绝对""相对""无"三种。

(1) 功能按钮。状态栏有"捕捉""栅格"等十几个功能按钮。DUCS 标识指动态坐标系，3D 操作时，需要按下此标识。DYN 标识指动态输入，选中后输入的参数在 CAD 模型空间十字光标旁显示，否则就在命令行显示。

(2) 锁定按钮。锁定按钮在状态行最右端，用于锁定工具栏和选项板窗口的位置和大小。解锁时右击该按钮，在弹出的快捷菜单中选择解锁选项即可。

(3) 状态栏菜单。单击状态栏中的黑三角可打开状态行若干菜单，如图 1-15 所示。用户可在该菜单中选择或取消状态栏中坐标或各功能按钮的显示。当选择"对象捕捉设置二维参照点"选项时，将打开二维捕捉选项板，如图 1-15 所示。

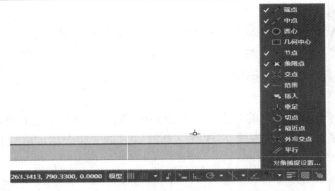

图 1-15　状态栏若干常用工具及二维捕捉选项板

1.2　必要的 AutoCAD 2016 绘图环境

1.2.1　绘图环境的参数设置

1. 自定义工具栏

AutoCAD 2016 工具栏设置的内容很多，每一个工具栏一般都由若干个图标按钮组成。为使用户在短时间内熟悉并使用，AutoCAD 2016 提供了一套自定义工具栏命令，加快了工作流程，消除了屏幕上不必要的干扰。自定义工具栏的方法是：选择【视图】»【工具栏】命令，打开"自定义用户界面"对话框，如图 1-16 所示。

图 1-16　"自定义用户界面"对话框

建立个性化工具栏的方法是：在图 1-16 中的【自定义】选项卡选项区域的列表框中右击【工具栏】节点，在弹出的快捷菜单中选择【新建工具栏】命令，在弹出的对话框的【特性】选项区域的【名称】文本框内输入个性化工具栏名称。再在该对话框的【命令列表】选项区的【按类别】下拉列表框中选择【仅所有命令】选项，然后在其下方对应的列表框中选中某项，将其拖动到个性化工具栏中，如图 1-17 所示。

图 1-17　个性化工具栏

2. "选项"对话框的使用

在 AutoCAD 2016 中，"选项"对话框中的内容十分重要。打开【工具】下拉菜单选择【选项(N)】，打开"选项"对话框，如图 1-18 所示。许多实用的必要的操作都从这里实现，比如图形窗口颜色(绘图区域背景色)的选择等。建议初学者对"选项"对话框中的每一项都做一些尝试和了解。

图 1-18　"选项"对话框

1.2.2　命令和系统变量的使用

1. 命令的调用

在 AutoCAD 中，执行任何操作都需要调用相关的命令，而同一命令的使用又往往有多种不同的方式。用户可用如下方式调用命令：

(1) 用鼠标操作执行命令。当光标移至菜单、工具选项、对话框内进行选择时，它的图案会变成箭头，如图 1-19(a)所示。在二维状态下执行任务时通常显示为十字光标，如图 1-19(b)所示。在等待执行任务时通常显示为中心带靶框的十字光标，如图 1-19(c)所示。

(a) 选择时的箭头　　　　(b) 执行任务时的十字光标　　　(c) 等待执行任务时的十字光标

图 1-19　用鼠标操作执行命令时光标的几种形式

鼠标按键的使用是按照下述规则定义的：

① 使用 Shift 键和鼠标右键组合时，系统会弹出一个快捷菜单，用于设置捕捉的方法，如图 1-20 所示。

当带靶框的十字光标停留在绘图区时，按下鼠标右键则弹出刚刚用过的一些命令，以方便操作者选择，如图 1-21 所示。

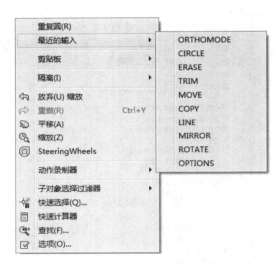

图 1-20　使用组合键弹出的菜单　　　图 1-21　刚刚用过的一些命令记录

② 如果是三个键的鼠标，通常用中间滚轮键进行组合、放大、缩小；鼠标左键用于指定绘图区域中的点或选择 AutoCAD 的对象、工具栏按钮和菜单命令等；鼠标右键相当于 Enter(回车)键的功能，以结束当前使用的命令，此时系统将根据绘图状态弹出不同的快捷菜单供选择。

(2) 使用键盘输入命令。在 AutoCAD 中，大部分的绘图、编辑命令等都需要使用键盘输入完成。键盘可以输入命令、系统变量、文本对象、数值、各种坐标以及进行参数选择等。所以，键盘是主要的输入设备。建议初学者多使用键盘输入指令，完成各项工作。

(3) 使用命令行执行命令。在 AutoCAD 中，默认情况下命令行窗口是一个可固定的窗口。命令行可以显示执行完的两条命令，称作"命令历史"。而对于一些输出命令，如 TIME、LIST 等命令，则需要在放大的命令行或文本窗口中显示。

在"命令行"窗口右击则 AutoCAD 会显示一个快捷菜单，如图 1-22 所示。通过它可以选择最近使用的 6 个命令，复制选定的文字或全部命令历史，粘贴文字，打开"选项"

对话框等。

图 1-22　命令行快捷菜单

2. 系统变量的设置

系统变量可控制某些命令的状态和工作形式，可以设置填充图案的默认比例，可以存储关于当前图形和程序配置的信息，可以打开或关闭捕捉、栅格、正交等绘图模式。

可以在对话框中修改系统变量，也可直接在命令行中修改系统变量。例如，要使用 ISOLINES 系统变量修改曲面线框的密度，首先应在命令行里输入系统变量名称，即 ISOLINES，按 Enter 键，然后输入新的系统变量值，如图 1-23 所示。

图 1-23　修改系统变量

3. 重复命令、终止命令和撤销命令

掌握以下基本操作可提高绘图速度：

(1) 直接按 Enter 键、鼠标右键或空格键，均继续执行上次任务。

(2) 鼠标在绘图区右击，在弹出的快捷菜单中选择【重复】。

(3) 鼠标在命令行右击，从弹出的快捷菜单中选择【最近使用的命令】子菜单中的一个。

(4) 可随时按 Esc 键终止任何命令。

(5) 若要撤销一个或多个命令，简单的方法是在命令的提示下输入 UNDO 命令，然后在命令行中输入要放弃的数目。

1.2.3　坐标系的使用

使用 AutoCAD 软件绘图时，往往需要参照某个坐标系来拾取点的位置，精确定位。

AutoCAD 2016 采用笛卡儿直角坐标系，并按右手规则确定 3 根坐标轴的方向，具体规定是：右手的拇指、食指和中指呈互相垂直的造型，如图 1-24 所示，拇指代表 X 轴的正方向，食指代表 Y 轴的正方向，中指代表 Z 轴的正方向。确定对象旋转方向的右手规则是：张开右手假想握住指定的旋转轴(基准轴)，拇指的指向为指定的旋转轴的正方向，其余四手指的弯曲方向为旋转方向，如图 1-25 所示(此图将一支笔作为旋转轴)。

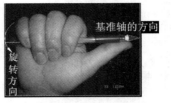

图 1-24　右手确定三个轴的方向　　　　　图 1-25　右手确定图形的旋转方向

1. 坐标系的调整

在 AutoCAD 中，坐标系分为通用坐标系，也称世界坐标系(WCS)和用户坐标系(UCS)。这两种坐标系都可以精确定位 X、Y 及 X、Y、Z 坐标。

在默认状态下，坐标系为 WCS，它包含 X 轴和 Y 轴，或 X、Y、Z 三轴。WCS 中的两或三坐标轴的交汇处显示出一个"口"的标记，也可以称为靶框，如图 1-26 所示，坐标原点在绘图窗口的左下角，所有的位移都是相对原点进行的。显然，WCS 不具有绘图的普遍性，有时会给某种绘图任务带来不便，这时则需要将 WCS 改变为 UCS。UCS 的原点，X、Y、Z 轴的轴向都可以移动或旋转，并可由用户指定一个合适的位置。UCS 轴的交汇处的设计有别于 WCS 坐标系，它无"口"的标记，如图 1-27 所示。绘图时，用户坐标系的选项更多。

通过【工具】下拉菜单»【新建 UCS】»【原点】命令，就可以将 UCS 从左下角或某处调入所需要的位置，如图 1-28 所示。这时的坐标原点也随之改变，X、Y 的坐标值均为零。

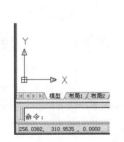

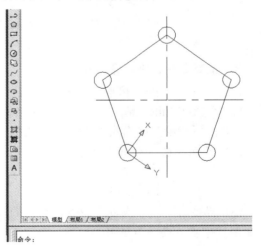

图 1-26　WCS 坐标系　　图 1-27　UCS 坐标系　　　图 1-28　调整后的 UCS 坐标系

2. 坐标的表示法

在 AutoCAD 2016 中，坐标点的确定有以下四种方法。

1) 绝对直角坐标系

绝对直角坐标系是以绘图区左下角的(0，0)或(0，0，0)为出发基准点的，如图 1-29 所示。矩形右上角点 b 的坐标为(262，162)，根据矩形尺寸，显然是以绘图区左下角的(0，0)为出发基准点的。

2) 相对直角坐标系

所谓相对坐标是指相对前一点的坐标值，在输入新点坐标时，把前一点的坐标值当作坐标原点处理，所以，相对直角坐标系的原点是由用户确定的。如图 1-30 所示，矩形右上角点 b 的坐标为((@172，62)，是以矩形左下角的(90，100)为基准点，并视坐标(90，100)为(0，0)。输入相对坐标值时一定要在坐标值前加上"@"。绝对直角坐标系和相对直角坐标系根据用户的需要来确定，在绘图实践中相对直角坐标系的使用比较灵活、方便，所以绘图时常用相对直角坐标系。

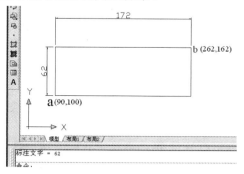

图 1-29　用绝对直角坐标系绘矩形　　　图 1-30　用相对直角坐标系绘矩形

3) 绝对极坐标

绝对极坐标是以绘图区左下角的(0，0)或(0，0，0)为出发基准点的，给定距离和角度，距离和角度用"<"分开，并规定 X 轴的正方向为 0°，Y 轴的正方向为 90°，如图 1-31 所示。例如，坐标点 b 的绝对极坐标值(566<45)，其中"566"表示从原点到 b 的线长，"45"表示该线与 X 轴的夹角。

4) 相对极坐标

相对极坐标中新点的坐标数值是相对前一点的线长，以及新点和前一点连线与 X 轴的夹角，如图 1-32 所示。例如，坐标点 b 的相对极坐标值(@424<45)，其中"424"表示从 a 点到 b 的线长，"45"表示新点 b 和前一点 a 连线与 X 轴的夹角，也就是对角线 ab 与 X 轴的夹角。

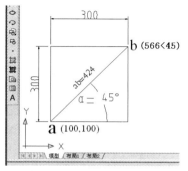
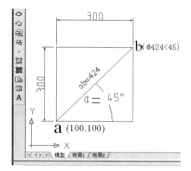

图 1-31　用绝对极坐标绘正方形　　　图 1-32　用相对极坐标绘正方形

3. 关于坐标的显示

在状态栏坐标显示区域，坐标数值是否显示，以什么方式显示，取决于状态栏坐标的显示模式。可以根据需要按下 F6 键、Ctrl+D 组合键或单击状态栏坐标显示区域，在以下三种方式之间切换，如图 1-33 所示。

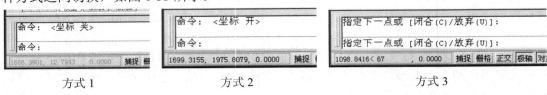

方式 1　　　　　　　　　　　方式 2　　　　　　　　　　　方式 3

图 1-33　坐标的三种显示方式

方式 1：将鼠标移到状态栏坐标显示区域，单击鼠标左键，即关闭了状态栏坐标显示，状态栏坐标显示区域变为灰色，指针坐标将不再动态更新，只有在拾取一个新点时，才会更新显示。

方式 2：AutoCAD 默认状态下，状态栏坐标将跟随鼠标指针动态更新。

以上两种方式都是在状态栏坐标显示区域单击鼠标左键或按 Ctrl+I 组合键切换实现的。

方式 3：将鼠标移到状态栏【极轴】按钮上单击(打开)，系统将显示光标所在位置对于上一个点的距离和角度。当鼠标离开拾取点时，系统恢复方式 2。

4．坐标在正交状态下的输入模式和动态跟踪(DYNMODE)显示

将鼠标移到状态栏【正交】按钮上单击。起用"正交"输入后，用户可按鼠标移动方向输入一个数据确定坐标点，无论是二维状态还是三维状态都不必输入一组数据。但这种状态下所画的图线之间的夹角都是 90°，鼠标移动方向代表正数值。

将鼠标移到状态栏动态跟踪按钮上单击，激活动态跟踪(DYN)显示，此后的坐标输入，将在输入点附近及时反映与前一点相对的距离、角度数据，如图 1-34 所示。

5．创建用户坐标系

在 AutoCAD 中，选择菜单【工具】»【新建 UCS】»【子菜单】，子菜单中有 13 个有关创建用户坐标系的选项供选择，方便快捷，如图 1-35 所示。

图 1-34　动态跟踪(DYN)显示

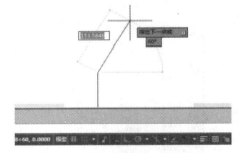

图 1-35　用户坐标系工具条

6．工具选项板的使用

工具选项板包含了"二维、三维绘图""图层""注释缩放""尺寸标注""文字""多重引线""渲染"等多种控制台，单击这些控制台的按钮就可以实现相应的绘制或编辑任务。打开工具选项板的步骤为：选择菜单【工具】»【选项板】»【工具选项板】，如图 1-36 所示。

图 1-36　打开工具选项板

1.3　AutoCAD 2016 的新功能

AutoCAD 2016 为用户提供了许多强大和新颖的使用功能，使图形设计和操作更加高效和方便。进入 AutoCAD 2016 新功能和特殊功能的操作方法有两种，初学者可以从菜单栏【帮助】下拉菜单中通过单击【帮助】进入帮助窗口，如图 1-37 所示。

图 1-37　"欢迎使用 AutoCAD 帮助"对话框

第2章　二维图形绘制

无论多复杂的图形对象都是由最基本的点、直线、曲线等基本元素构成的。在 AutoCAD 中，这些基本图形对象都可以通过"绘图"菜单在命令提示下输入坐标值来绘制。在 AutoCAD 2016 中，可直接绘制的基本元素及图形有点、直线、多段线、矩形、多边形、多线、圆、椭圆、圆弧、样条曲线、构造线等，也可用"徒手画(sketch)"功能绘制相关的图形对象。本章将主要介绍二维基本绘图的命令及应用。

2.1　绘制直线

1．启动命令方式

(1) 工具栏：【绘图】» ⬚。

(2) 菜单：【绘图】»【直线】。

(3) 命令行：【line(l)】，括号中的(l)表示命令的缩写。CAD 输入命令时不必考虑字母大小写问题，所以，绘制直线命令也可以输入"L"。

2．操作步骤与选项说明

启动直线(line)命令后，AutoCAD 给出如下提示，如图 2-1 所示。

(1) 命令：line 指定第一个点：指定起点，可以使用定点设备，也可以在命令行上输入坐标值。

(2) 指定下一点或 [放弃(U)]，(指定端点以完成第一条线段，要在执行 line 命令期间放弃前一条直线段，请输入 u 或单击工具栏上的"放弃")；

(3) 要以绘制完的直线段的端点为起点绘制新的直线段。再次启动 line 命令，在出现 line 指定第一个点：提示后，按 Enter 键，将继续完成新的直线段绘制。

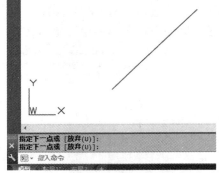

图 2-1　直线

2.2　绘制多段线

1．作用

多段线是作为单个对象创建的首尾相连的序列线段。构成多段线的线段可以是直线段，也可以是弧线段或两者的组合线段，如图 2-2 所示。

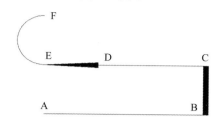

图 2-2　多段线

多段线与直线不同，组成一条多段线的每一线段不可以单独选择，当选择组成多段线的一个线段时，整条多段线都会被选中，并且只在每个序列线段的首尾各出现一个夹持点。直线或曲线被选中时在中点位置还会显示一个夹持点。

2．启动命令方式

(1) 工具栏：【绘图】»　 。

(2) 菜单：【绘图】»【多段线】。

(3) 命令行：【pline (pl)】(输入命令后要按回事键，下同)。

3．操作步骤与选项说明

启动多段线(Pline)命令后，AutoCAD 给出如下提示：

(1) 指定起点。当指定起点后，命令行提示信息如：当前线宽为 0.0000，此时，要调整线宽则输入 W，若需绘制圆弧则输入 A，如图 2-3 所示。

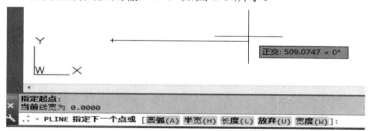

图 2-3　多段线交互

(2) 绘制圆弧。绘制圆弧，输入 A(或 a)，命令行将弹出绘制圆弧的相关选项，如圆弧(A)、圆心(CE)、半径等。

① 圆弧(A)：指定弧线段从起点开始的包含角。

② 圆心(CE)：指定弧线段的圆心。

③ 方向(D)：指定弧线段的起始方向。

④ 半宽(H)：指定从宽多段线线段的中心到其一边的宽度。起点半宽将成为默认的端点半宽。端点半宽在再次修改半宽之前将作为所有后续线段的统一半宽。宽线线段的起点和端点位于宽线的中心。

⑤ 长度(L)：在与上一线段相同的角度方向上绘制指定长度的直线段。如果上一线段是圆弧，则程序将绘制与该弧线段相切的新直线段。

⑥ 放弃(U)：删除最近一次添加到多段线上的弧线段。

⑦　宽度(W)：与"圆弧(A)"选择中的"宽度(W)"意思相同。

2.3　绘制矩形

1．作用

在 AutoCAD 中，矩形的本质是矩形形状的闭合多段线。此命令可以创建矩形，并指定长度、宽度、面积和旋转参数，还可以控制矩形上角点的类型(圆角、倒角或直角)。

2．启动命令方式

(1)　工具栏：【绘图】» □ 。

(2)　菜单：【绘图】»【矩形】。

(3)　命令行：【rectang (rec)】。

3．操作步骤与选项说明

启动矩形(rectangle)命令后，如图 2-4 所示，AutoCAD 2016 给出如下提示：

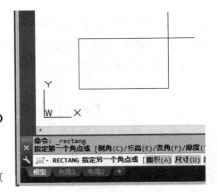

图 2-4　绘矩形

(1)　命令：_rectang。

(2)　指定第一个角点或 [倒角(C)/标高(E)/圆角(F)/厚度(T)/宽度(W)]。

可选择指定角点或输入选项，各选项的功能如下：

①　倒角(C)：设置矩形的倒角距离。以后执行矩形(rectangle)命令时此值将成为当前倒角距离。

②　标高(E)：指定矩形的标高。以后执行 rectangle 命令时此值将成为当前标高。

③　圆角(F)：指定矩形的圆角半径。

④　厚度(T)：指定矩形的厚度。以后执行 rectangle 命令时此值将成为当前厚度。

⑤　宽度(W)：为要绘制的矩形指定多段线宽度。以后执行 rectangle 命令时此值将成为当前多段线宽度。

(3)　指定另一个角点或 [面积(A)/尺寸(D)/旋转(R)]。

各选项的功能如下：

①　角点：使用指定的点作为对角点创建矩形。

②　面积(A)：使用面积与长度或宽度创建矩形。如果"倒角"或"圆角"选项被激活，则区域将包括倒角或圆角在矩形角点上产生的效果。

③　尺寸(D)：使用长和宽创建矩形。

④　旋转(R)：按指定的旋转角度创建矩形。

2.4　绘制多边形

1．作用

在 AutoCAD 中，正多边形与矩形一样，其本质是闭合多段线。使用创建正多边形命令可创建具有 3 至 1024 条等长的边的闭合多段线。

2．启动命令方式

(1) 工具栏:【绘图】» 。

(2) 菜单:【绘图】»【多边形】。

(3) 命令行:【polygon (pol)】。

3．操作步骤与选项说明

命令提供了三种画正多边形的方法，如图 2-5 所示。

(1) 通过指定外接圆的半径来定义正多边形。指定外接圆的圆心(正多边形的中心点)、半径和多边形的边数，正多边形的所有顶点都在此圆周上，如图 2-5(a)所示。

(2) 通过指定从正多边形中心点到各边中点的距离来定义正多边形。指定正多边形的中心点、中心点到各边中点的距离(外切圆的半径)和多边形的边数，正多边形各边均与圆相切，如图 2-5(b)所示。

(3) 通过指定第一条边的端点来定义正多边形。由某两端点确定正多边形的某一边，并指定正多边形的边数，如图 2-5(c)所示。

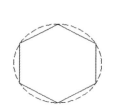  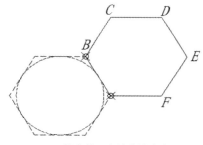

(a) 指定外接圆的半径　　(b) 指定从正多边形中心点到各边　　(c) 指定第一条边的端点来
　　来定义正多边形　　　　中点的距离来定义正多边形　　　　定义正多边形

图 2-5　绘制正多边形

2.5　绘　制　圆

1．作用

圆是 AutoCAD 的一种基本对象，circle 命令提供多种方法绘制圆。

2．启动命令方式

(1) 工具栏:【绘图】» 。

(2) 菜单:【绘图】»【圆】。

(3) 命令行:【circle (c)】。

3．操作步骤与选项说明

要创建圆，可以指定圆心、半径、直径、圆周上的点和其他对象上的点的不同组合。AutoCAD 提供了六种画圆的方法，如图 2-6 所示。

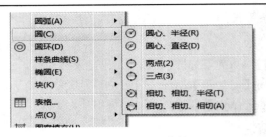

图 2-6　"圆"子菜单

(1) 圆心、半径：基于圆心和半径绘制圆，这是圆的命令的默认方法，如图 2-7(a)所示。

(2) 圆心、直径：基于圆心和直径绘制圆，如图 2-7(b)所示。

(3) 两点：基于圆直径上的两个端点绘制圆，如图 2-7(c)所示。

(4) 三点：基于圆周上的三点绘制圆，这三点应不在同一条直线上，如图 2-7(d)所示。

(5) 相切、相切、半径：基于指定半径和两个相切对象绘制圆，如图 2-7(e)所示。

(6) 相切、相切、相切：基于三个相切对象绘制圆，这种绘图方式不可在命令行实现，只可在菜单栏中实现，如图 2-7(f)所示。

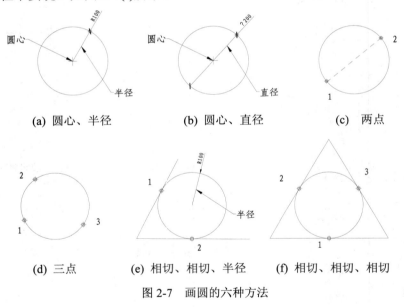

(a) 圆心、半径　　　　(b) 圆心、直径　　　　(c) 两点

(d) 三点　　　　(e) 相切、相切、半径　　　　(f) 相切、相切、相切

图 2-7　画圆的六种方法

2.6　绘 制 圆 弧

1. 作用

圆弧 arc 命令用于绘制圆弧。圆弧是圆的一部分，它所包含的角度在 0～360 度。

2. 启动命令方式

(1) 工具栏：【绘图】》 　。

(2) 菜单：【绘图】》【圆弧】。

(3) 命令行：【arc (a)】。

3．操作步骤与选项说明

要绘制圆弧，可以指定圆心、端点、起点、半径、角度、弦长和方向值的各种组合形式。AutoCAD 提供了十一种画圆弧的方法，如图 2-8 所示。

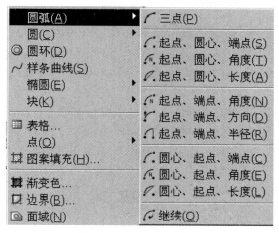

图 2-8 "圆弧"子菜单

(1) 三点：通过指定三点绘制圆弧，如图 2-9(a)所示。

(2) 起点、圆心、端点：如果已知起点、圆弧所在圆的圆心和端点，就可以通过首先指定起点或圆心来绘制圆弧，如图 2-9(b)、图 2-9(h)所示。

(3) 起点、圆心、角度：如果存在可以捕捉到的起点和圆心，并且已知包含角，则可以使用本方法，如图 2-9(c)、图 2-9(i)所示。

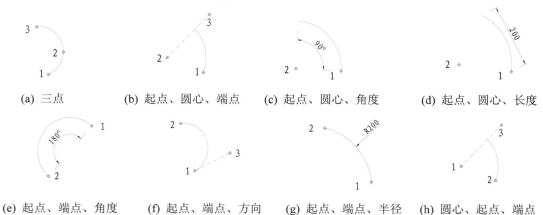

(a) 三点　　　　 (b) 起点、圆心、端点　 (c) 起点、圆心、角度　 (d) 起点、圆心、长度

(e) 起点、端点、角度　 (f) 起点、端点、方向　 (g) 起点、端点、半径　 (h) 圆心、起点、端点

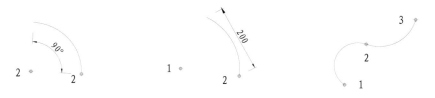

(i) 圆心、起点、角度　　 (j) 圆心、起点、长度　　　 (k) 继续

图 2-9 绘制圆弧

(4) 起点、圆心、长度：如果存在可以捕捉到的起点和中心点，并且已知弦长，则可以使用"起点、圆心、长度"或"圆心、起点、长度"画圆弧，如图 2-9(d)、图 2-9(j)所示。

(5) 起点、端点、角度：如果已知两个端点但不能捕捉到圆心，则可以使用本方法，如图 2-9(e)所示。

(6) 起点、端点、方向：如果存在起点和端点，并可确定起点切线，则可以使用本方法，如图 2-9(f)所示。

(7) 起点、端点、半径：如果存在起点、端点和圆弧所在圆的半径，则可以使用本方法，如图 2-9(g)所示。

(8) 继续：完成圆弧或直线的绘制后，通过菜单栏中的【绘图(D)】»【圆弧(A)】»【继续 (O) 】，可以立即绘制一端与原圆弧或直线相切的圆弧，如图 2-9(k)所示。

除第一种(三点)方法外，其他方法都是从起点到端点逆时针绘制圆弧的。

2.7　绘 制 椭 圆

1．作用

椭圆 ellipse 命令用于绘制椭圆。椭圆由定义其长轴和短轴来决定。

2．启动命令方式

(1) 工具栏：【绘图】» ◯ 。

(2) 菜单：【绘图】»【椭圆】。

(3) 命令行：【ellipse (el)】。

3．操作步骤与选项说明

创建椭圆的关键是确定中心点、长轴和短轴。AutoCAD 提供了多种画椭圆的方法，如图 2-10 所示。

图 2-10　椭圆子菜单

(1) 通过指定椭圆的中心点、一轴端点和另一轴长度定义椭圆，如图 2-11(a)所示。

(2) 通过指定一轴的两端点和另一轴长度定义椭圆，如图 2-11(b)所示。

(3) 在上述两种画椭圆的基础上再增加一个角度定义椭圆弧，如图 2-11(c)所示。

(a) 画法一　　　　　　(b) 画法二　　　　　　(c) 画法三

图 2-11　椭圆的不同画法

2.8   绘   制   点

1. 作用

点可以作为捕捉对象的节点，可以指定点的全部三维坐标。如果省略 Z 坐标值，则假定为当前标高。作为节点或参照几何图形的点的对象可用于对象捕捉和相对偏移。更为重要的是，利用点命令可以将指定的线段定数等分或定距等分。

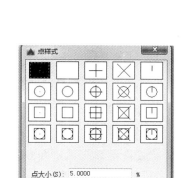

图 2-12   "点"子菜单

通过【绘图(D)】»【点(O)】选中"点"子菜单，它提供了四种画点的方法，如图 2-12 所示。

2. 启动命令方式

(1) 工具栏：【绘图】»   。

(2) 菜单：【绘图】»【点】»【单点】或【多点】。

(3) 命令行：【point (po)】。

3. 调出"点样式"对话框

点对象的外观由 PDMODE 和 PDSIZE 系统变量控制。PDMODE 的值控制点的显示样式，PDSIZE 的值控制点图形的大小。用下列两种方式可以调出"点样式"对话框，如图 2-13 所示。

(1) 在菜单栏中，选择【格式(O)】»【点样式(P)】。

(2) 在命令提示下输入"ddptype"后按回车键。

"点样式"对话框各部分的说明如下：

(1) 点样式图标："点样式"对话框上部的点样式图标用于指定点对象在工作区的样式。点样式存储在 PDMODE 系统变量中。

(2) 点大小：用于设置点的显示大小。点的显示大小存储在 PDSIZE 系统变量中。

图 2-13   "点样式"对话框

(3) 相对于屏幕设置大小：按屏幕尺寸的百分比设置点的显示大小。当进行缩放时，点的显示大小并不改变。

(4) 按绝对单位设置大小：按"点大小"下指定的实际单位设置点显示的大小。进行缩放时，显示的点大小随之改变。

4. 定数等分

1) 作用

"定数等分"命令可以将所选对象等分为指定数目的相等长度。在对象上按指定数目等间距创建点或插入块。这个操作并不将对象实际等分为单独的对象，它仅仅是标明定数等分的位置，以便将它们作为几何参考点。

2) 启动命令方式

(1) 菜单：【绘图】»【点】»【定数等分】。

(2) 命令行：【divide (div)】。

3) 操作步骤与选项说明

执行定数等分后，命令行显示如下提示：

(1) 选择要定数等分的对象：使用对象选择方法选定对象。

(2) 输入线段数目或【块(B)】：选择输入线段数目或放置块。

4) 示例

绘制如图 2-14 所示的直线，用"定数等分"命令在其上面标记 5 等分点。操作步骤如下：

图 2-14 定数等分直线

(1) 按图 2-14 所示的坐标画直线。

(2) 命令为_divide。

(3) 选择要定数等分的对象，执行【绘图(D)】»【点(O)】»【定数等分(D)】命令后，再选择直线。

(4) 输入线段数目或【块(B)】： 5 (命令自行结束)。

5. 定距等分

1) 作用

"定距等分"命令可以在所选对象上按指定长度等间距创建点或插入块。

2) 启动命令方式

(1) 菜单：【绘图】»【点】»【定距等分】。

(2) 命令行：【measure (me)】。

3) 操作步骤与选项说明

执行定距等分命令后，命令行显示如下提示：

(1) 选择要定距等分的对象：使用对象选择方法选定对象。

(2) 输入线段长度或【块(B)】：选择输入线段长度或放置块。

2.9 绘制构造线和射线

构造线和射线均是无限延伸的直线，但构造线向两个方向无限延伸、射线向一个方向无限延伸，两者均可用作创建其他对象的参照。如构造线可用于查找三角形的中心，准备同一个项目的多个视图或创建临时交点用于对象捕捉。

1. 绘制构造线

1) 作用

创建向两端无限延伸的构造线。构造线可以放在三维空间的任何地方。

2) 启动命令方式

(1) 工具栏:【绘图】»　　。

(2) 菜单:【绘图】»【构造线】。

(3) 命令行:【xline (xl)】。

3) 操作步骤与选项说明

启动构造线命令后,AutoCAD 给出如下提示:

(1) 命令:_xline。

(2) 指定点或[水平(H)/垂直(V)/角度(A)/二等分(B)/偏移(O)]:可选择指定点或输入选项。

(3) 各选项的功能如下:

① 指定点:用无限长直线所通过的两点定义构造线的位置。

② 水平:创建一条通过选定点的与当前 UCS 的 X 轴平行参照线。

③ 垂直:创建一条通过选定点的与当前 UCS 的 Y 轴垂直参照线。

④ 角度:指定的角度创建一条参照线。该选项提供两种方法创建构造线。选择一条参考线,指定那条直线与构造线的角度;或者通过指定角度和构造线必经的点来创建与水平轴成指定角度的构造线。

⑤ 二等分:创建一条参照线,它经过选定的角顶点,并且将选定的两条线之间的夹角平分。

⑥ 偏移:创建平行于指定基线的构造线。指定偏移距离,选择基线,然后指明构造线位于基线的哪一侧。

构造线对缩放没有影响,并被显示图形范围的命令所忽略。和其他对象一样,无限长线也可以移动、旋转和复制。

2. 射线

启动命令方式如下:

(1) 菜单:【绘图】»【射线】。

(2) 命令:【ray】»【指定起点】»【指定通过点】。

3. 示例

绘制一个如图 2-15 所示的直线 AB 和 BC,再用构造线(xline)命令绘其角平分线。

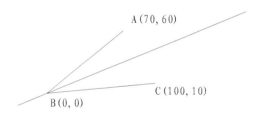

图 2-15　用构造线命令二等分夹角

2.10　修订云线

1．作用

修订云线是由连续圆弧组成的多段线，用于在检查阶段提醒用户注意图形的某个部分，如图 2-16 所示。

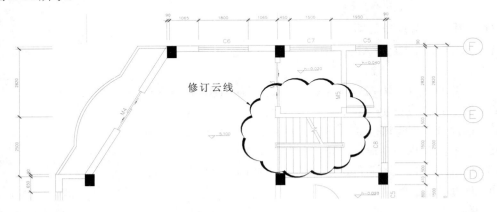

图 2-16　云线的应用

2．启动命令方式

(1) 工具栏：【绘图】» 🔘 。

(2) 菜单：【绘图】»【修订云线】。

(3) 命令行：【revcloud】。

3．操作步骤与选项说明

启动修订云线命令后，命令行给出如下提示：

(1) 最小弧长：15，最大弧长：15，样式：手绘。

(2) 指定起点或[弧长(A)/对象(O)/样式(S)] <对象>：可选择指定云线起点或输入选项。

(3) 各选项的功能如下：

① 弧长：分别指定云线中最小弧长和最大弧长的长度。最大弧长不能大于最小弧长的三倍。

② 对象：指定要转换为云线的某一闭合对象(圆、椭圆、多段线或样条曲线)，可以将闭合对象转换为修订云线。

③ 样式：指定修订云线的样式，包括普通样式(见图 2-17(a))和手绘样式(见图 2-17(b))。

(a) 普通样式　　　　　(b)手绘样式

图 2-17　修订云线的样式

2.11　徒　手　画

1．作用

徒手画(sketch)命令用于创建自由的线条。徒手画由许多条线段组成，每条线段都可以是独立的对象或多段线，可以设置线段的最小长度或增量，线段越小精度越高，但会明显增加图形文件的大小，建议尽量少使用此命令画图。徒手画(sketch)命令对于创建不规则边界或使用数字化仪追踪非常有用。绘图空间常用绘图工具条里没有这个图标按钮。

徒手绘图时，定点设备(如鼠标)就像画笔一样。单击定点设备将把"画笔"放到屏幕上，这时可以进行绘图，再次单击将提起画笔并停止绘图，如图2-18所示。

图2-18　徒手画命令的应用

2．启动命令方式

命令行：【sketch】。

3．操作步骤与选项说明

启动徒手画命令后，命令行给出如下提示：

(1) 记录增量<1.0000>：指定距离或按 Enter 键选用默认值 1.0000。

(2) 画笔(P)/退出(X)/结束(Q)/记录(R)/删除(E)/连接(C) (在工作区单击鼠标开始徒手画，或输入选项)。

(3) 各选项含义如下：

① 记录增量：记录的增量值定义直线段的长度。定点设备移动的距离必须大于记录增量才能生成线段。

② 画笔(P)：(拾取按钮)提笔和落笔。在用定点设备选取菜单项前必须提笔。

③ 退出(X)：记录及报告临时徒手画线段数并结束命令。

④ 结束(Q)：放弃从开始调用"徒手画(sketch)"命令或上一次使用"记录"选项时所有徒手绘制的临时线段，并结束命令。

⑤ 记录(R)：永久记录临时线段，不改变画笔的位置，也不退出"徒手画(sketch)"命令。

⑥ 删除(E)：删除临时线段的所有部分，如果画笔已落下则提起画笔。

⑦ 连接(C)：落笔，继续从上次所画的线段的端点或上次删除的线段的端点开始画线。

⑧ .(句点)：落笔，从上次所画的直线的端点到画笔的当前位置绘制一条直线，然后提笔。

2.12　绘制二维填充

1．作用

"二维填充"命令用于创建实体填充的三角形和四边形。

2．启动命令方式

(1) 菜单：【绘图】»【建模】»【二维填充】。

(2) 命令行：【solid】。

3．操作步骤与选项说明

启动二维填充命令后，AutoCAD 给出如下提示：

(1) 命令：solid 指定第一点。

(2) 指定第二点。

(3) 指定第三点。

(4) 指定第四点或 <退出>。

依次指定多边形的角点。如果在"指定第四点"提示下按回车键将提示创建一个填充三角形；在"指定第四点"提示下指定第四点，程序将创建一个四边形。

4．示例

用二维填充命令绘制如图 2-19 所示的图，操作步骤如下：

(1) 命令：solid;

(2) 指定第一点：指定点 1;

(3) 指定第二点：指定点 2;

(4) 指定第三点：指定点 3;

(5) 指定第四点或 <退出>：指定点 4;

(6) 指定第三点：指定点 5;

(7) 指定第四点或 <退出>：指定点 7;

(8) 指定第三点：指定点 7;

(9) 指定第四点或 <退出>：按回车键画三角形;

(10) 指定第三点：按回车键结束命令。

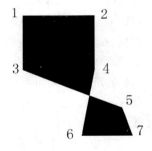

图 2-19　三维填充练习

2.13　绘制样条曲线

1．作用

样条曲线命令用于创建样条曲线。样条曲线是经过或接近一系列给定点的光滑曲线，可以控制曲线与点的拟合程度。可以使用以下两种方法创建样条曲线：

(1) 使用样条曲线命令创建样条曲线，即 NURBS 曲线(非一致有理 B 样条曲线)。

(2) 使用 pedit 命令的"样条曲线"选项创建样条曲线。

样条曲线 pedit 命令在指定的公差范围内把光滑曲线拟合成一系列的点，还可以将样条曲线拟合多段线转换为真正的样条曲线。

2．启动命令方式

(1) 工具栏：【绘图】» 。

(2) 菜单：【绘图】»【样条曲线】。

(3) 命令行：【spline(spl)】。

3．操作步骤与选项说明

启动样条曲线命令后，命令行给出如下提示：

指定第一个点或 [对象(O)]：

该命令各选项含义如下：

指定第一点：执行"指定第一个点"选项。命令行给出如下提示：

指定下一点：

输入点一直到完成样条曲线的定义为止。输入两点后，显示以下提示：

指定下一点或 [闭合(C)/拟合公差(F)] <起点切向>：

各选项含义如下：

① 指定下一点：连续地输入点将增加附加样条曲线线段，直到选定其他选项。直接按回车键将执行"起点切向"选项。

② 闭合：将最后一点定义为与第一点一致并使它在连接处相切，这样可以闭合样条曲线。命令行将提示用户指定一点来定义切向矢量。

③ 拟合公差：公差表示样条曲线拟合所指定的拟合点集时的拟合精度。公差越小，样条曲线与拟合点越接近。公差为 0，样条曲线将通过该点。在绘制样条曲线时，可以改变样条曲线拟合公差以查看效果。

"拟合公差"选项可修改拟合当前样条曲线的公差。根据新公差以现有点重新定义样条曲线。不管选定的是哪个控制点，被修改的公差会影响到所有控制点。

④ 起点切向：用于定义样条曲线的第一点的切向。执行该选项后，将提示用户"指定起点切向"，指定点或按回车键确定起点切向后，将提示用户"指定端点切向"，端点切向提示指定样条曲线最后一点的切向。指定点或按回车键确定端点切向，命令结束。

⑤ 对象(O)："对象"选项用于将二维或三维的、二次或三次样条拟合多段线转换成等价的样条曲线并删除多段线(取决于 DELOBJ 系统变量的设置)。

4．示例

用样条曲线命令绘制如图 2-20 所示的雨伞伞蓬，操作步骤如下：

(1) 用【圆弧(Arc)】命令绘制半圆弧；用【样条曲线】命令绘制如图 2-20(a)所示的样条线，图中所标数字为选定点的顺序。"拟合公差(F)"设置为 0。

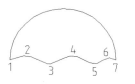 

(a) 样条线 1　　　　　　(b) 样条线 2

图 2-20　雨伞伞蓬的绘制

(2) 用【样条曲线】命令绘制如图 2-20(b)所示的样条线。此处要用到【对象捕捉】中的【捕捉到最近点】，以保证新建的竖向样条曲线相交与横向样条曲线。

2.14 绘制多线

多线由 1 至 16 条平行线组成，这些平行线称为元素。

1．启动命令方式

(1) 菜单：【绘图】»【多线】。

(2) 命令行：【mline(ml)】。

2．操作步骤与选项说明

启动多段线(MLINE)命令后，命令行给出如下提示：

(1) 当前设置：对正 = 上，比例 = 20.00，样式 = STANDARD。

(2) 指定起点或 [对正(J)/比例(S)/样式(ST)]。

(3) 各选项含义如下：

① 指定起点：用于指定多线的顶点。执行该选项后，给出提示：指定下一点。该命令的操作与"直线"命令相似，如果指定两点，则提示将包括"放弃(U)"选项，如果指定了两点以上，则提示将包括"闭合(C)/放弃(U)"选项，即指定下一点或 [闭合(C)/放弃(U)]。

② 对正：用于确定将在光标的哪一侧绘制多线，或者是否位于光标的中心上。提供"上(T)/无(Z)/下(B)"三种对正方式。

③ 上：在光标下方绘制多线，因此在指定点处将会出现具有最大正偏移值的直线，如图 2-21(a)所示。

④ 无：将光标作为原点绘制多线，"多线样式(mlstyle)"命令中"元素特性"的偏移(0.0)将在指定点处，如图 2-21(b)所示。

⑤ 下(B)：在光标上方绘制多线，因此在指定点处将出现具有最大负偏移值的直线，如图 2-21(c)所示。

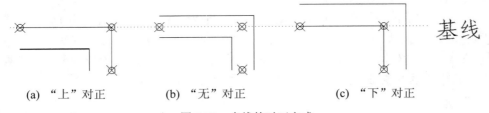

(a) "上"对正   (b) "无"对正   (c) "下"对正

图 2-21 多线的对正方式

⑥ 比例：用于控制多线的全局宽度。这个比例基于在多线样式定义中建立的宽度。如：当比例因子为 2 时，绘制多线的宽度是样式定义的宽度的两倍。从右向左绘制多线时，偏移最小的多线绘制在底部；从左至右绘制多线时，偏移最小的多线绘制在顶部，如图 2-22所示。如果比例因子为负数时，将翻转偏移线的次序。负比例因子的绝对值也会影响比例。比例因子为 0 将使多线变为单一的直线。

⑦ 样式：用于指定多线的样式。执行该选项后，给出提示"输入多线样式名或 [?]："。其中，"样式名"用于指定已加载的样式名或创建的多线库(MLN)文件中已定义的样式名，

"？"选项用于列出已加载的多线样式名。

(a) 比例=20   (b) 比例 = –20   (c) 比例=40   (d) 比例=40

(从左向右)   (从左向右)   (从左向右)   (从右向左)

图 2-22　比例和绘图方向对多线的影响(对正=上)

2.15　多 线 样 式

多线样式命令用于控制多线元素的数目和每个元素的特性，还控制背景色和每条多线的端点封口。在【格式】下拉菜单中选取"多线样式"对话框选项，如图 2-23 所示。

图 2-23　"多线样式"对话框

"多线样式"对话框各选项含义如下：

(1) 当前多线样式：显示当前多线样式的名称。在创建多线中用到的默认样式即为 STANARD 样式，该样式将在后续创建的多线中用到。

(2) 样式：显示已加载到图形中的多线样式列表，列表中可以包含外部参照的多线样式，即存在于外部参照图形中的多线样式。

(3) 说明：显示选定多线样式的说明。

(4) 预览：显示选定的多线样式的名称和图像。

(5) 置为当前：【置为当前】按钮用于设置创建多线时用到的默认样式。从"样式"列表中选择一个名称，然后单击按钮 置为当前(U) 。

(6) 新建：可以创建多线的命名样式，以控制元素的数量和每个元素的特性。单击按钮 新建(N)... ，显示"创建新的多线样式"对话框，从中可以创建新的多线样式，如图 2-24 所示。在【新样式名】中输入名称，在【基础样式】下拉列表框中进行选择，单击【继续】按钮弹出"修改多线样式"对话框，如图 2-25 所示。

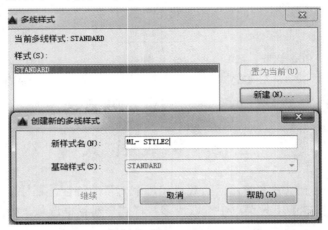

图 2-24 "创建新的多线样式"对话框

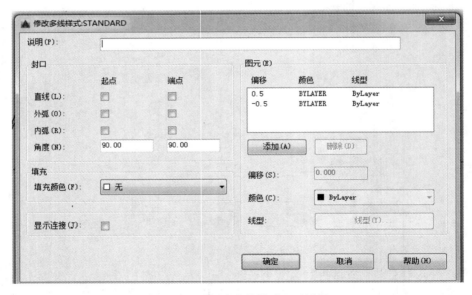

图 2-25 "新建多线样式"对话框

"新建多线样式"对话框各选项的含义如下：

① 说明：为多线样式添加说明，最多可以输入 255 个字符(包括空格)。

② 封口：用于控制多线起点和端点封口。"直线"是显示穿过多线每一端的直线段，如图 2-26(a)所示；"外弧"显示多线的最外端元素之间的圆弧，如图 2-26(b)所示；"内弧"显示成对的内部元素之间的圆弧，如图 2-26(c)所示；"角度"用于指定端点封口的角度，如图 2-26(d)所示。

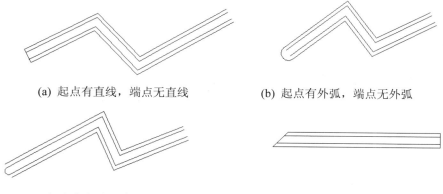

(a) 起点有直线，端点无直线　　　　(b) 起点有外弧，端点无外弧

(c) 起点有内弧，端点无内弧　　　　(d) 起点角度=45，端点角度=90

图 2-26　多线封口形式

③ 填充：用于控制多线的背景填充的颜色。

④ 显示连接：控制每条多线线段顶点处连接的显示，如图 2-27 所示。

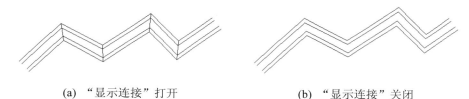

(a) "显示连接"打开　　　　　　(b) "显示连接"关闭

图 2-27　显示连接

⑤ 图元：用于设置新的和现有的多线元素的偏移、颜色和线型等元素特性。【偏移】选项为多线样式中的每个元素指定偏移值；【颜色】选项显示并设置多线样式中元素的颜色；【线型】显示并设置多线样式中元素的线型，如图 2-28 所示。

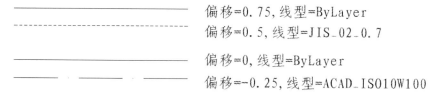

偏移=0.75，线型=ByLayer

偏移=0.5，线型=JIS_02_0.7

偏移=0，线型=ByLayer

偏移=-0.25，线型=ACAD_ISO10W100

图 2-28　偏移和线型

最多可以为一个多线样式添加 16 个元素。带有正偏移的元素出现在多线段中间的一条线的一侧，带有负偏移的元素出现在这条线的另一侧。

(7) 修改：显示"修改多线样式"对话框，从中可以修改选定的多线样式。"修改多线样式"对话框和"新建多线样式"对话框基本相同。

(8) 重命名：重命名当前选定的多线样式。

(9) 删除：从【样式】列表中删除当前选定的多线样式。此操作并不会删除多线库(MLN)文件中的样式。

第3章　设置绘图环境

　　设置绘图环境是指在绘制图形前将设置的决定绘图结果的一些重要参数，比如：图形的绘制范围、单位以及一些加快绘图速度的辅助功能。

　　为了提高绘图的效率，用户在绘图前可根据绘图的需求、个人的绘图习惯对绘图环境进行设置。

3.1　设置绘图区背景颜色

　　在 AutoCAD 中，图形绘图区的背景色默认为黑色，但此颜色是可以改变的，通常我们使用的主要是黑、白两色。

3.1.1　"选项"对话框的操作

　　(1) 单击【工具】»【选项】，如图 3-1 所示，切换到【显示】选项卡。

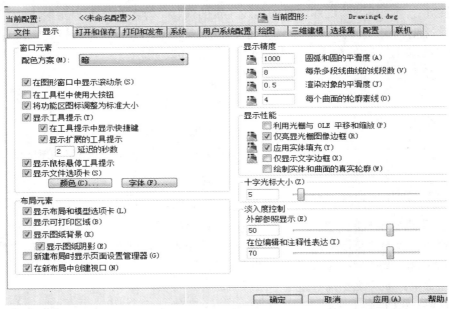

图 3-1　"选项"对话框

　　(2) 在【窗口元素】选项组中点按钮 颜色(C)... ，则弹出"图形窗口颜色"对话框，如图 3-2 所示。

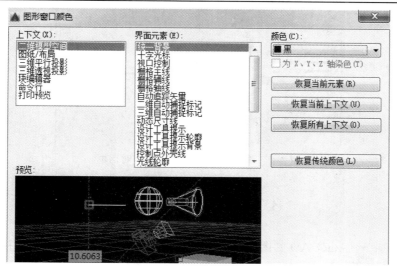

图 3-2　"图形窗口颜色"对话框

3.1.2　改变和调整背景颜色

(1) 在【图形窗口颜色】»【上下文】列表框中选择"二维模型空间"，在【颜色】下拉列表中选择所需要的颜色即可。

(2) 单击按钮 应用并关闭(A) ，完成绘图区背景色的设置。

3.2　设　置　线　宽

在工程制图中，图形的线宽是有相应的国家标准的，为了使我们在 AutoCAD 中所绘制的图形效果更接近真实效果，可以在 AutoCAD 中对显示的线宽参数进行修改。

比如当前线宽为 0.25 mm，要将其修改为 0.5 mm 的操作步骤如下：

(1) 单击【格式】»【线宽】»【线宽设置】，弹出如图 3-3 所示的"线宽设置"对话框。

图 3-3　"线宽设置"对话框

(2) 选中【显示线宽】复选框，选择所要的线宽，拖动【调整显示比例】到合适位置，单击按钮 确定 ，完成设置，如图 3-4 所示。这时，绘图空间所有的线宽都显示为 0.5 mm。

图 3-4　　修改后的"线宽设置"对话框

3.3　设置图形单位

在默认状态下，AutoCAD 的图形单位为十进制单位，用户可以根据绘图所需重新设置单位类型和数据精度。

设置图形单位方式如下：

1. 启动命令方式

(1) 菜单：【格式】»【单位】。

(2) 命令行：【units】。

2. 操作步骤

启动"图形单位"命令后，出现"图形单位"对话框，如图 3-5 所示。在该对话框中，用户可以选择当前图形的长度、角度类型以及精度。【长度】、【角度】、【精度】，这三个下拉列表的功能如下：

(1) 设置长度单位时，【类型】下拉列表框中有如下五个选项可供选择：

① 科学：科学计数。

② 小数：十进制单位。这是系统默认的设置。

③ 工程：工程单位。数值单位为英尺、英寸，英寸用小数表示。

④ 建筑：建筑单位。数值单位为英尺、英寸，英寸用分数表示。

⑤ 分数：分数单位。小数部分用分数表示。

(2) 设置角度单位时，【类型】下拉列表框有如下五个选项可供选择：

① 【十进制度数】：是系统的默认单位，如 90°、270° 等。

② 【度/分/秒】：按六十进制划分。

③ 【弧度】：用弧度表示法，180° 为 π。

④ 【勘测单位】：勘测角度。角度从正北方向开始测量。

⑤ 【百分度】：AutoCAD 中，规定在百分度格式中直角为 100°。

(3) 【精度】下拉列表框设置长度或角度的精度。当我们对长度、角度单位及其精度进行设置之后，状态栏上的坐标值会发生相应的变化。

在"图形单位"对话框下部，有一个【方向】按钮，单击它可以打开"方向控制"对话框，如图 3-6 所示，用户可以在此设置角度测量的起始位置。

图 3-5 "图形单位"对话框

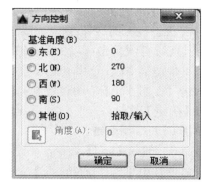

图 3-6 "方向控制"对话框

3.4 设置栅格和捕捉

在工程制图中，一般要求图形的尺寸准确，AutoCAD 所提供的捕捉模式、栅格显示、正交模式、对象的捕捉及对象追踪捕捉等一些绘图辅助功能，就是帮助我们精确的绘制图形的有力工具。

栅格是一种可见的位置图标，它类似于坐标纸，是用户可以调整控制但不能打印出来的一些点所构成的精确的网格，如图 3-7 所示。把栅格和捕捉结合起来使用，可以大大提高绘图的速度和精度。

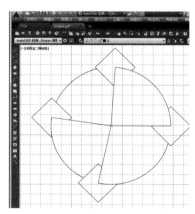

图 3-7 显示图形栅格

3.4.1 栅格的显示

1. 打开栅格显示的方法

AutoCAD 只在绘图界限内显示栅格，所以栅格的显示和我们设置的图形界限的大小有关。使用栅格可以很直观地显示对象之间的距离。

在绘图过程中可以随时打开或关闭栅格。当放大或缩小图形时，需要重新调整栅格的间距，以适合新的缩放比例。

打开栅格显示的方法有以下几种：

(1) 单击状态栏上的按钮▦，如果按钮为蓝色，则表示已打开栅格显示，再次单击可以关闭栅格显示，如图 3-8 所示。

(2) 按下快捷键 F7，可以在显示与关闭栅格之间切换。

(3) 单击【工具】»【草图设置】»【捕捉和栅格】»【启用栅格】»【确定】。

图 3-8　栅格的显示

(4) 使用 Ctrl+G 组合键。

(5) 在命令行输入【grid】命令，在提示下输入【ON】显示栅格，输入【OFF】关闭栅格。

(6) 在命令行中输入【gridmode】命令，在提示下输入变量值，1 为则显示栅格，0 为不显示栅格。

2. 栅格间距的设置

栅格间距可以调整，栅格就像一张坐标纸，我们可以调整它的间距，以方便作图，以达到精确绘图的目的。用鼠标右键单击状态栏栅格图标即可弹出如图 3-9 所示的"草图设置"对话框。

(1) "草图设置"对话框左下部的【捕捉类型和样式】选项组是用来设置捕捉类型；

(2)【栅格捕捉】单选按钮用来控制栅格捕捉的类别；

(3)【矩形捕捉】单选按钮用来设置栅格捕捉方式为平图；

(4)【等轴测捕捉】单选按钮用来设置栅格捕捉方式为等轴测图；

(5)【PolarSnap】单选按钮用来控制极坐标捕捉方式。

图 3-9　"草图设置"对话框

3.4.2　设置栅格捕捉

栅格只是提供给我们一个做图的坐标背景，而捕捉(snap)则是控制鼠标移动的工具。捕捉功能用来设定鼠标移动的步长值，从而使光标在绘图区中的 X 方向或 Y 方向的移动总是呈步长的倍数，从而提高我们作图的精确度和效率。

一般情况下，栅格和捕捉是配合使用的。捕捉和栅格的值设置是成倍数的，例如：栅格的 X 轴向值设为 10，那捕捉的 X 值一般设为 5、10、20 等，以便鼠标能精确地捕捉到相应的坐标。

当我们把捕捉打开时，就会发现鼠标的移动是有规律的，只会落在我们设置的捕捉间距相应的坐标上。

捕捉间距的设置也是在"草图设置"对话框中完成的，设置的方式与栅格的设置相同。

完成捕捉间距的设置后，我们就可以使用捕捉了，打开或关闭捕捉方式的方法有：

(1) 单击状态栏上的按钮▢。系统默认方式捕捉是关闭的，当按钮陷下视为打开捕捉状态。

(2) 按下功能键 F9 在开/关捕捉状态下切换。

3.5　正交模式的设置

AutoCAD 提供的正交模式，在正交模式下绘制的直线不是水平的就是垂直的，绘制十分简单。

3.5.1　正交模式设置方式

启动命令方式：

(1) 单击状态栏上正交模式的按钮，变为蓝色表示正交模式被打开，白色表示关闭，如图 3-10 所示。

(2) 命令行输入：ortho，在提示中输入【ON】为打开正交模式；输入【OFF】为关闭正交模式。

(3) 按下功能键 F8，循环改变正交打开或关闭状态。

(4) 修改系统变量 Orthomode 的值，0 为关闭状态，1 为打开正交模式状态。

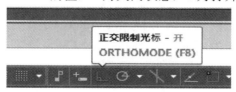

图 3-10　正交显示

3.5.2　线型的设置

线型是指在绘图时所使用的线。在绘图过程中要用到不同的线型，例如虚线、点画线等。默认状态下线型为"Continuous"(实线型)，因此我们要根据实际情况修改线型，同时我们还可设置线型比例以显示虚线和点画线。

设置线型的具体方法如下：

(1) 选择菜单【格式】»【线型】，弹出"线型管理器"对话框，如图 3-11 所示。单击其右上角的【显示细节】(点击后变为【隐藏细节】)按钮，可将线型设置的参数显示出来。

　　(2) 点击【线型管理器】»【加载】，则弹出"加载或重载线型"对话框，如图 3-12 所示。

　　　图 3-11　"线型管理器"对话框　　　　　　图 3-12　"加载或重载线型"对话框

　　(3) 在"加载或重载线型"对话框的列表中可选择所需要的线型，选择完成后按【确定】按钮退出，完成选择后回到"线型管理器"对话框。

　　(4) 在"线型管理器"对话框右下角的【全局比例因子】文本框中可输入线型的缩放比例值，此比例的值用于调整虚线和点画线的线段长度与空格的比例(注意在此对话框中，要点开"显示细节"对话框，【全局比例因子】文本框才可见)。

　　(5) 单击【确定】按钮，完成线型的设置。

3.5.3　图层的管理

　　在绘制较复杂的图形时，用户应使用图层来管理、组织图形。在绘制图形前要先设置好图层，不同的对象放置在不同的图层中，对象所有的属性都随当前的图层，以方便对图形的管理与修改。

1. 认识图层

　　一个图形对象除了具备几何特性外，还要包括一些非几何的特性，例如对象的颜色、线型、线宽等。AutoCAD 要存储这些特性信息都必须占用一定的存储空间。如果在一张图纸上含有大量的具有相同颜色、线型的对象时，AutoCAD 就会重复存储这些数据，从而使图形占有的空间急剧膨胀，为了解决这个问题引入了图层概念。可以把图层想象为一张张透明的图纸，我们可以在不同的透明纸上分别绘制不同的实体，然后将这些透明的图层叠加起来，从而得到最终所要的图形。图 3-13 就是假想在不同的图层上绘制了两个图形，图3-14 就是两个图层上的图形叠加之后的效果。

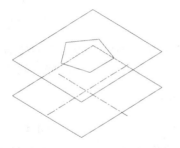

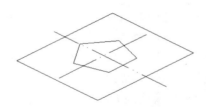

　图 3-13　假想在不同图层上绘制图形　　　　图 3-14　图形叠加之后的效果

在 AutoCAD 中，图层是用图层名来标识的。在同一个文件中，图层名是唯一的，在不同的图层中设置不同的颜色有助于区分图形中的对象。AutoCAD 允许建立无限多个图层，用户可以根据需要建立图层，并给予每一个图层相应的名称、线型、颜色等。图层的运用，可以大大提高我们的作图质量和效率。打印任何一张工程图都离不开图层功能。

2. 图层的控制

在 AutoCAD 中，我们对图层的控制包括设置建立新图层、删除已有的图层、设置当前图层、为图层设置相应的属性、控制图层的状态等。

在 AutoCAD 中，我们正在使用的图层称为当前图层，我们所绘制的图形都在当前图层，如果想在别的图层上绘制图形，则必须将别的图层更换为当前图层。

如需对图层进行控制，可通过"图层特性管理器"对话框来进行。

3. 启动命令方式

(1) 工具栏：【图层】» 绾 。

(2) 菜单：【格式】 » 【图层】。

(3) 命令行：【layer】。

4. 图层特性管理器

启动命令执行之后，将打开如图 3-15 所示的"图层特性管理器"对话框，在该对话框中，用户可以建立新的图层、删除已有的图层、转换当前图层及设置有关图层的属性。

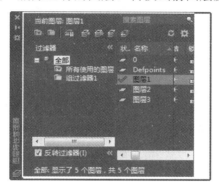

图 3-15 "图层特性管理器"对话框

"图层特性管理器"在此对话框中各按钮的作用如下：

(1) 新建特性过滤器按钮 ：单击该按钮后显示"图层过滤器特性"对话框，从中可以基于一个或多个图层特性创建图层过滤器，如图 3-16 所示。

图 3-16 新建特性过滤器按钮

(2) 创建一个图层过滤器按钮 ：单击该按钮用户将选定的图层添加到过滤器中从而创建一个新的图层过滤器。

(3) 图层状态管理器按钮 ：单击该按钮后出现"图层状态管理器"对话框，在此对话框中用户可以将图层当前的属性设置保存到命名图层状态中，以后可以再恢复这些设置。

(4) 创建新图层按钮 ：单击该按钮后用户将创建一个新的图层，我们可以将该图层命名(系统支持中文图层名)。新图层将继承图层列表中当前选定的图层的特性(包括颜色、线型等)。

(5) 冻结视窗按钮 ：单击该按钮将创建在所有的视口中都被冻结的新图层视口。

(6) 删除图层按钮 ：单击该按钮将删除当前选定的图层。

(7) 置为当前按钮 ：单击该按钮即将当前选定的图层设置为当前层。

5. 图层过滤器特性

单击【图层特性过滤器】中的【新建特性过滤器】图标按钮，会出现如图 3-17 所示的"图层过滤器特性"对话框，该对话框各选项按钮的功能如下：

(1) 过滤器名称：用户在此输入新的图层过滤器的名称。

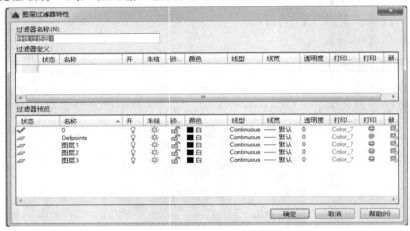

图 3-17　"图层过滤器特性"对话框

(2) 过滤器定义：在此设置过滤器所包含的图层的属性，如显示所有正在使用的且颜色为黄色的图层。其中，各项的含义如下：

① 状态：在此可以选择【正在使用】图标或【未使用】图标；

② 名称：输入所要选择的图层，在此可以使用通配符，例如输入*anno*，即选择了那些所有包含了 anno 的图层；

③ 开：选择【开】或【关】图标；

④ 冻结：可选择【冻结】或【解冻】图标；

⑤ 锁定：可选择【锁定】或【解锁】图标；

⑥ 颜色：可选择图层的颜色；

⑦ 线型：可选择图层的线型。

6. 新建图层与设置当前图层

在绘图过程中，可以随时建立新的图层，并可改变图层的属性。创立新图层的步骤如下：

(1) 单击【图层特性管理器】中的【创建新的图层】按钮 ，则会在【图层特性管理器】中产生一个新的图层，如图 3-18 所示。

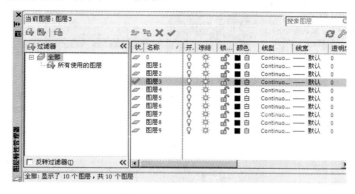

图 3-18 创建新图层

(2) 设置当前图层。用户只能在当前图中完成所绘制的图形，在绘图过程中我们可以随时变化当前图层。设置当前图层的方法有：

① 在"图层特性管理器"对话框的图层列表中，选择要设置为当前图层按钮 ，使其亮显。

② 单击【图层】工具栏中将对象置为当前的按钮，然后选择某个图形对象，即可把该对象所在的图层设为当前层，如图 3-19 所示。

图 3-19 设置当前图层

7. 图层属性的设置

1) 颜色的设置

为了方便图形的编辑，建议用户将不同的层设置为不同的颜色。图层颜色的设置方法如下：

(1) 在"图层特性管理器"对话框的图层列表中选择所需设置颜色的图层。

(2) 单击【颜色】图标，可打开"选择颜色"对话框，选择所需的颜色，按【确定】按钮即可。

2) 线型的设置

在默认情况下，图层的线型为实线型。AutoCAD 允许用户为图层设置不同的线型。AutoCAD 提供了多种线型，全部存放在 acad.lin 和 acadiso.lin 文件中，用户使用之前必须将所需的线型加载到当前的图形中，方可使用。

加载线型的方法：在"图层特性管理器"对话框线型列中选择任意一个图层都会弹出"选择线型"对话框，如图 3-20 所示。同样，在"图层特性管理器"对话框线宽列中任选一个图层都会弹出"线宽"对话框，如图 3-21 所示。

图 3-20   "选择线型"对话框

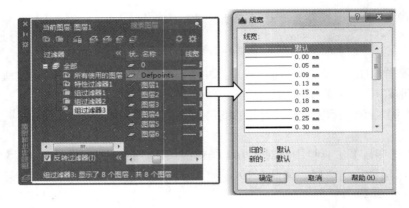

图 3-21   "线宽"对话框

3) 图层状态控制

打开【格式】下拉菜单，在【图层工具】子菜单里选取所需的选项，如图 3-22 所示。

图 3-22   图层状态控制

3.6 目标对象捕捉与自动追踪

使用 AutoCAD 绘图能够绘制出精确度很高的图形，这是 AutoCAD 绘图的优点之一，为了绘制出高精确度的图形，我们可采用目标对象的捕捉功能及自动追踪功能。

在作图过程中为了方便绘图，常常需要将某一部分的绘图区放大或缩小，AutoCAD 提供了视图缩放和平移以方便我们进行此类操作。

3.6.1 目标对象的捕捉

在绘制工程图时，常常会碰到要找寻某个对象的中点、圆心、交点等特殊点的情况，AutoCAD 提供了目标对象捕捉功能，使用户可以很方便地完成此类操作。

目标对象捕捉在 AutoCAD 绘图中是一个十分有用的功能，在我们的绘图中时常要用到。它的作用就是利用十字鼠标指针准确定位已存在的实体上的某个特定位置或特定点，例如：要找出一个圆的圆心，只要将鼠标靠近圆周，就可以准确定位出圆心。

3.6.2 设置单一对象捕捉方式

设置单一对象捕捉可以在工具栏上单击鼠标右键，在弹出的菜单中选择【AutoCAD】》【对象捕捉】命令，打开【对象捕捉】工具栏，如图 3-23 所示。

图 3-23 【对象捕捉】工具栏

1. 【对象捕捉】工具栏的功能

【对象捕捉】工具栏的功能如图 3-24 所示，具体介绍如下。

(1) 临时追踪点按钮 ：创建对象捕捉时使用的临时捕捉点。

(2) 捕捉按钮 ：从临时参考点偏移到所要捕捉的地方。

(3) 捕捉到端点按钮 ：捕捉直线或圆弧等对象的端点。

(4) 捕捉到中点按钮 ：捕捉直线或圆弧等对象的中点。

(5) 捕捉到交点按钮 ：捕捉直线、圆等实体相交的点。

(6) 捕捉到外观交点按钮 ：捕捉在当前视图上看起来相交的点，但实际上两个实体不在同一平面上。

(7) 捕捉到延长线按钮 ：捕捉延长线上的点。

(8) 捕捉到圆心按钮 ：捕捉圆或圆弧的圆心。

(9) 捕捉到象限点按钮 ：捕捉圆或圆弧上的象限点。

(10) 捕捉到切点按钮 ：捕捉圆或圆弧的切点。

(11) 捕捉到垂足按钮 ：捕捉垂直于直线、圆、圆弧上

图 3-24 对象捕捉快捷菜单

的点。

(12) 捕捉到平行线按钮 ：捕捉与指定线平行的线上的点。

(13) 捕捉到插入点按钮：捕捉块、文字、外部引用等的插入点。

(14) 捕捉到节点按钮 ○：捕捉由 POINT 等命令绘制的点。

(15) 捕捉到最近点按钮：捕捉直线、圆、圆弧等对象上最靠近光标方框中心的点。

(16) 无捕捉按钮：关闭单一捕捉方式。

(17) 对象捕捉设置按钮：设置自动捕捉方式。

当命令行中要求输入点时，在绘图区中同时按下 Shift+鼠标右键，会弹出快捷菜单，如图 3-23 所示，也可以设置单一的对象捕捉。此快捷菜单上的各功能同上所述。

2. 设置自动对象捕捉方式

在 AutoCAD 中，使用最方便的捕捉模式是自动捕捉，也即事先设置好一些捕捉模式，当光标移动到符合捕捉模式的对象上时，屏幕上会显示出相应的标记和提示，实现自动捕捉。这样我们就无需再输入命令或者再设置单一的捕捉了，从而大大加快绘图的速度。自动对象捕捉可以一次设置多种捕捉方式，但为了制图方便，建议用户一次不要设置太多种捕捉方式，以免在制图中无法显示我们所需要的那种捕捉方式。

自动捕捉可以通过以下三种方式完成：

(1) 通过快捷菜单方式完成。鼠标右键单击状态栏上的【对象捕捉】，弹出如图 3-25 所示的【对象捕捉】快捷菜单，选择该快捷菜单上的【对象捕捉设置】后，在打开的"草图设置"对话框中即可进行设置。

(2) 选用功能键方式完成。按下功能键 F3，可以在开/关自动捕捉模式之间切换。

(3) 通过输入系统变量 Osmode 值的方式完成。在"草图设置"对话框中的【对象捕捉】选项卡上进行设置，如图 3-26 所示，将【启用对象捕捉】复选框勾选上；在命令行输入系统变量 Osmode 值，当该值为 1 时打开自动捕捉功能，当该值为 0 时关闭自动捕捉功能。

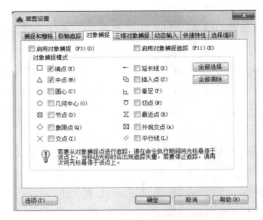

图 3-25　【对象捕捉】快捷菜单　　　　　图 3-26　【对象捕捉】选项卡

3.7　自动追踪功能

自动追踪功能是绘图中常常用到的一个十分有利的工具。所谓自动追踪，就是自动追踪同一命令执行过程中鼠标指针所经过的捕捉点，以其中的某一捕捉点的 X 或 Y 坐标控制用户所需要选择的定位点。

AutoCAD 提供了两种自动追踪功能：对象捕捉追踪和极轴追踪。使用自动追踪功能可以指定角度绘制对象，或者绘制与其他对象有特定关系的对象。自动追踪功能的操作介绍如下：

1. 启动对象捕捉追踪命令方式

(1) 按下功能键 F11。

(2) 单击状态栏上的【对象捕捉追踪】按钮 ∠ 。

(3) 在【草图设置】 »【对象捕捉】选项卡中选定【启用对象追踪按钮】复选框。

对象捕捉追踪是指从对象的捕捉点进行追踪，它必须与对象捕捉一起使用。

用户启动对象捕捉功能后，可以执行一个绘图命令或编辑命令，然后鼠标指针移到一个对象捕捉点处作为临时定位点(**注意：不要单击它**)，只要停顿片刻就可以获取。已获取的点显示一个小加号(+)，一次最多可以获取七个点。

2. 极轴追踪

使用极轴追踪，光标将按指定角度、指定增量进行移动。

(1) 极轴追踪的极轴角增量可以在【草图设置】 »【极轴追踪】选项卡中设置，如图 3-27 所示。

图 3-27　极轴角增量设置

(2) 在【增量角】下拉列表中，可以选择 90°、60°、45°、30°、22.5°、18°、15°、10° 和 5° 的极轴角增量进行极轴追踪。

例如：如图 3-28 所示，要画一条与水平线夹角为 18° 的直线，首先在增量角上设置 18°，点取直线的起始点后，AutoCAD 将显示对齐路径和工具栏提示。

图 3-28　极轴追踪示例图

(3) 启动命令方式：

① 单击状态栏下的【极轴】按钮；

② 按下功能键 F10，可以在打开或关闭极轴追踪之间切换。

3. 使用自动追踪绘制图形

例如：用户将绘制如图 3-29(a)所示的图形，其步骤如下：

(1) 打开【极轴追踪】，增加一个附加角 123°（90°+33°），如图 3-29(b)所示。

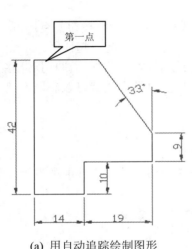

(a) 用自动追踪绘制图形　　　　　　　　　　　　　(b) 增加附加角

图 3-29　自动追踪绘制图形

(2) 打开正交模式。

(3) 使用命令：【L】(绘直线命令缩写)。

① 指定第一个点：点取左上角为第一个点，然后按回车键；

② 指定下一个点：42(向下垂直移动鼠标，输入长度为 42，然后按回车键)；

③ 指点下一个点：14(向右水平移动鼠标，输入长度为 14，然后按回车键)；

④ 指定下一个点：10(向上垂直移动鼠标，输入长度为 10，然后按回车键)；

⑤ 指点下一个点：19(向右水平移动鼠标，输入长度为 19，然后按回车键)；

⑥ 指定下一个点：9(向上垂直移动鼠标，输入长度为 9，然后按回车键)；

⑦ 指定下一个点：将鼠标移动到起始点捕捉到第一个点，然后鼠标向右水平移动，当移动到极轴角显示为 123°时，单击鼠标，如图 3-30 所示；

⑧ 指定下一个点：按 C 键，然后按回车键，完成整个图形的绘制。

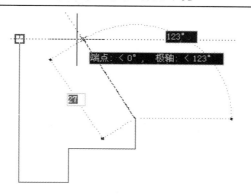

图 3-30 极轴追踪绘制直线

3.8 视 图 缩 放

在绘图中所能看到的图形都处于视图中。利用 AutoCAD 的视图缩放功能，可以改变对象在视窗中显示的大小，从而方便用户观察图形，方便作图。

如图 3-31 所示，可以通过放大和缩小操作改变视图的比例，类似于使用相机进行缩放。视图缩放不改变图形中对象的绝对大小，只改变视图的比例，视图缩放操作如图 3-32 和图 3-33 所示。

图 3-31 视图缩放菜单

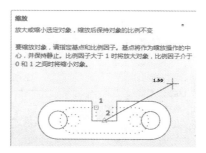

图 3-32 缩放工具条　　　　　图 3-33 缩放样式

启动命令的方式如下：

(1) 工具栏：【标准】» 【动态缩放】 ⬚ 。

(2) 菜单：【视图】 » 【缩放】 » 【缩放子菜单】。

(3) 命令行：【zoom(简化命令：Z)】。

3.9 视 图 平 移

与使用相机平移镜头一样，平移视图只是把图纸在屏幕上的显示位置移动一下，而不改变图形中对象的位置或大小，使用视图平衡可以方便的观看图纸的其他部分。视图平移的操作如下：

首先启动命令，方式有以下几种：

(1) 工具栏：【标准】»【实时平移】✋。

(2) 菜单：【视图】»【平移】»【实   时】。

(3) 命令行：【pan(P)】。

以上命令执行后，在屏幕上鼠标会变成一个"小手"✋，拖动"小手"，就会发现屏幕上的图形随着小手的移动而移动了。平移操作的方法如图 3-34 所示，平移操作示意图如图 3-35 所示。

缩放与平移命令皆为透明命令，透明命令是指在执行一个命令时，可以同时执行的命令。比如输入 line 的时候，再输入 end 就可以捕捉端点，这个就是透明命令。

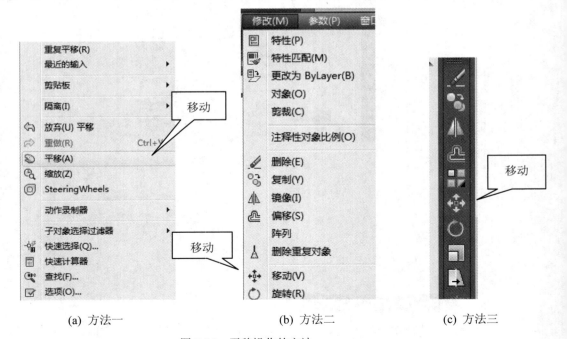

(a) 方法一   (b) 方法二   (c) 方法三

图 3-34 平移操作的方法

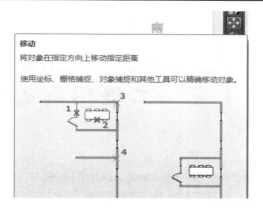

图 3-35　平移操作示意图

3.10　重画视图与重新生成图形

使用 AutoCAD 绘图，屏幕上会留下一些标志，利用 redraw(重画)命令可以删除进行某些编辑操作时留在显示区域中的加号形状的标记(点标记)。

1. 重画视图操作

启动重画视图的命令方式如下：

(1) 菜单：【视图】»【重画】。

(2) 命令行：【redraw(R)】。

2. 重新生成图形

在 AutoCAD 中，所有图形对象的数据是以浮点值的形式保存的，有时在绘图过程中，必须重新计算或重新生成浮点数据，并将浮点值转换成相应的屏幕坐标，有些命令执行后自动重新生成图形，但有些命令执行后，必须执行重新生成命令，才能显示出命令执行后的结果。例如，当我们打开或关闭【填充】模式后，必须执行重新生成命令，才能看到改变的结果。再例如绘制球体时，如果用户认为原来设置的绘制精度不够，而重新设置了【每个曲面轮廓索线】的个数后，也必须执行重新生成命令，才能看到新效果。启动命令方式如下：

(1) 菜单：【视图】»【重生成】。

(2) 命令行：【Regen】。

"重画"命令是清除已有命令，重新绘制命令，之前所画的图没了；"重生成"命令可以说是所谓的"刷新"。

第 4 章　二维图形编辑

高速、精确、灵活地绘制图形，是 AutoCAD 绘图的根本。要想达到这个目的，灵活、熟练地对图形编辑是关键。本章主要介绍编辑图形的基本方法。

4.1　对象选择方式

AutoCAD 图形的编辑都是针对对象而言的，所以在执行编辑命令前一般都要选择目标，正确快速地选择对象是图形编辑的基础。

AutoCAD 提供了多种对象选择方式。当用户选择了实体之后，组成实体的边界线会变成虚线表示。

4.1.1　用对话框设置与选择

对于复杂的图形，往往要同时对多个实体进行编辑操作。利用"对象选择设置"对话框设置恰当的目标选择方式即可实现这种操作。

打开【选项】对话框【选择集】选项卡(见图 4-1)的方式有：

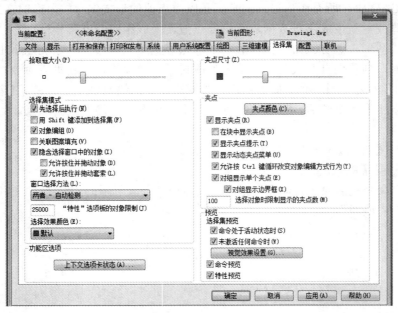

图 4-1　【选择集】选项卡

(1) 菜单方式：【工具】»【选项】»【选择集】。

(2) 命令行方式：【DDSelect】»【回车】或键入简捷命令【SE】»【回车】弹出草图设置对话框，单击其左下端【选项】按钮 选项(T)...。

(3) 在状态栏的对象捕捉按钮上右击，选择【设置】»【草图设置】对话框左下角，单击【选项】按钮，可打开【选项】»【选择集】选项卡。

利用【选择集】选项卡可以进行与对象选择方式相关的设置，如设置拾取框的大小、颜色等。

(1) 拾取框大小：拖动滑块可调整拾取框的大小。

(2) 单击图 4-1 中的【视觉效果设置】按钮，则会弹出"视觉效果设置"对话框，在该对话框中可以对视觉效果进行设置，如图 4-2 所示。

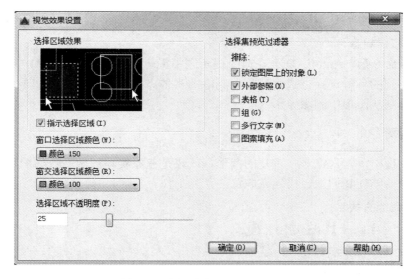

图 4-2 【视觉效果设置】对话框

(3) 选择集模式：提供了六种选择模式，可以使用户更方便、更灵活地选择对象。可以任意组合打开或关闭选择模式下提供的设置，其中的"先选择后执行""隐含选择窗口中的对象"和"对象编组"三个选项是默认设置。

① 先选择后执行：选中该选项，允许用户先选择对象再执行命令。但要注意的是，不是所有命令都可以先选择后执行的。

② 用 Shift 键添加到选择集：按住 Shift 键并选择对象，向选择集中添加或从选择集中删除对象。若选择了此选项，则用户一次选择一个实体；如果要选择多个实体，则必须按着 Shift 键。

③ 按住并拖动对象：如果选中此选项，此后则要通过选择一点然后拖动鼠标至第二点来选择窗口。而如果不选此选项，则只要点了第一点，再到第二点单击就可以了，无须拖动鼠标。

④ 隐含选择窗口中的对象：从左到右地创建选择窗口，可选择完全位于窗口内的对象。而从右向左创建靠近窗口，可选择窗口边界内和与边界相交的对象。

⑤ 对象编组：选择编组中的一个对象，即选择了该编组中的所有对象。

⑥ 关联图案填充：如果选中该复选框，那么选择关联图案填充时也选定边界对象。

(4) 夹点：用于调整夹点的尺寸与颜色。

4.1.2　删除对象

在绘图过程中，常常需要删除一些辅助图形或绘制有问题的图形，要完成这个工作，就要运用删除命令。

1. 启动命令方式

(1) 工具栏：【修改】»【删除】 。

(2) 菜单：【修改】»【删除】 。

(3) 命令行：【erase(E)】。

2. 删除对象过程

启动删除命令后，AutoCAD 会在命令提示区中提示用户选择要删除的对象，用户可以按我们前面讲到的各种选择方式来选择要删除的实体。选择完毕后，按回车键确认，刚被选择的实体集则从图形中删除掉了。

4.1.3　复制对象

在绘图过程中，常常有一些重复的图形，或只是在原实体稍做修改的图形，AutoCAD 提供的复制命令能使我们很轻松地完成这些重复工作。

1. 启动命令方式

(1) 工具栏：【修改】»【复制】 。

(2) 菜单：【修改】»【复制】 。

(3) 命令行：【cope(Cp)】。

2. 复制对象过程

复制对象的过程如图 4-3 所示。

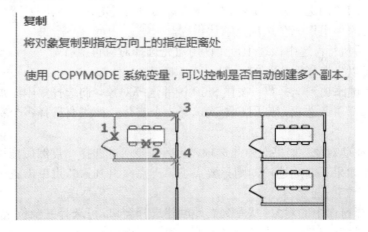

图 4-3　复制对象

4.1.4　镜像对象

在绘图过程中，常常有些图形是对称的或基本对称的，AutoCAD 提供了镜像命令，可以让用户只绘制一半的图形，另一半通过镜像命令复制出来。

1. 启动命令方式

(1) 工具栏：【修改】»【镜像】 ◢◣ ；

(2) 菜单：【修改】»【镜像】 ◢◣ ；

(3) 命令行：【mirror(MI)】。

2. 镜像命令的执行过程

(1) 启动镜像命令：mi。

(2) 选择要镜像的对象：(指定镜像线的第一点：指定镜像线的第二点：由此两点确定镜像对称线，镜像时以此线为轴进行复制。)

(3) 要删除源对象吗？[是(Y)/否(N)] <N>：(在此确定源实体是否要保留)，如图 4-4 所示。

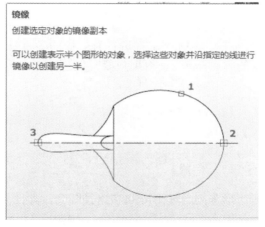

图 4-4　　镜像效果

4.1.5　偏移对象

使用【偏移】命令可以对圆、圆弧、椭圆、用矩形命令绘制的矩形、多边形命令绘制的多边形、多线段绘制的闭合图形做同心偏移复制，也可以对直线等做平行偏移的复制。

1. 启动命令方式

(1) 工具栏：【修改】»【偏移】 ⟆ 。

(2) 菜单：【修改】»【偏移】。

(3) 命令行：【offset】。

2. 启动命令过程

(1) 给定偏移的距离(可以直接给距离，也可以在图形上选取两点作为距离)。

(2) 选择要偏移的对象。

(3) 给出偏移的方向。

利用【偏移】命令复制图形的应用实例，如图 4-5 所示。

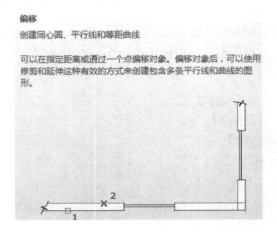

图 4-5　利用【偏移】命令复制图形

4.1.6　阵列对象

阵列也是 AutoCAD 复制的一种形式，在进行有规律的多重复制时，阵列往往比单纯的复制更为实用。AutoCAD 的阵列命令，使得用户要复制规律分布的实体对象变得十分方便。

1. 启动命令的方式

(1) 工具栏：【修改】»【阵列】 。

(2) 菜单：【修改】»【阵列】。

(3) 命令行：【array(Ar)】。

2. 阵列类型

阵列有三种类型，即矩形阵列、环形阵列和路径阵列，如图 4-6 所示。

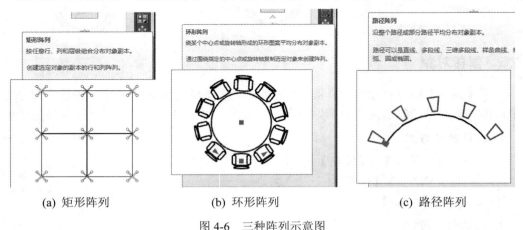

(a) 矩形阵列　　　　　　　(b) 环形阵列　　　　　　　(c) 路径阵列

图 4-6　三种阵列示意图

4.1.7　移动对象

移动命令可以将用户所选择的一个或多个对象平移到其他位置，但不改变对象的方向和大小。

1．启动命令的方式

(1) 工具栏：【修改】》【移动】 。

(2) 菜单：【修改】》 【移动】。

(3) 命令行：【move(M)】。

2．移动对象过程

移动对象的过程如图 4-7 所示。

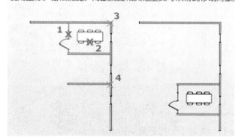

图 4-7　移动对象

4.1.8　旋转对象

旋转命令可以改变用户所选择的一个或多个对象的方向(位置)。用户可通过指定一个基点和一个相对或绝对的旋转角来对选择对象进行旋转。

1．启动命令的方式

(1) 工具栏：【修改】》【旋转】 ；

(2) 菜单：【修改】》 【旋转】；

(3) 命令行：【rotate】。

2．启动 rotate 命令

调用 rotate 命令后，系统首先提示 UCS 当前的正角方向，并提示用户选择对象：

(1) UCS 当前的正角方向：ANGDIR=逆时针 ANGBASE=0。

选择对象：用户可在此提示下构造要旋转的对象的选择集，并按回车键确定。

(2) 系统进一步提示：指定基点： 用户首先需要指定一个基点，即旋转对象时的中心点。

(3) 系统进一步提示：指定旋转角度，或 [复制(C)/参照(R)] <0>。

指定旋转的角度有以下两种方式可供选择：

(1) 直接指定旋转角度：以当前的正角方向为基准，按用户指定的角度进行旋转。

(2) 选择参照：选择该选项后，系统首先提示用户指定一个参照角，然后再指定以参照角为基准的新的角度。

3．旋转对象过程

旋转对象的过程如图 4-8 所示。

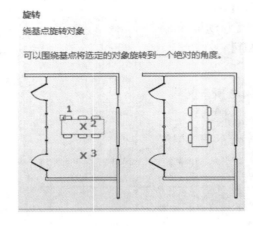

图 4-8　旋转对象

4.1.9　拉伸对象

拉伸命令可以使用户方便地对图形进行拉伸或压缩。

1．启动命令方式

(1) 工具栏：【修改】»【拉伸】。

(2) 命令行：【stretch(S)】。

(3) 菜单：【修改】»【拉伸】。

2．命令的执行过程

(1) 启动命令。

(2) 调用拉伸命令后，系统首先告诉用户该命令只能用交叉窗口或交叉多边形来选择要拉伸的对象。

(3) 指定基点或 [位移(D)] <位移>：用户首先需要指定一个基点，即进行拉伸时的开始点。

(4) 指定第二个点或 <使用第一个点作为位移>：用户在此给出拉伸的终点，即对象拉伸到的位置。

3．拉伸对象过程

用 stretch 命令拉伸实体的过程如图 4-9 所示。

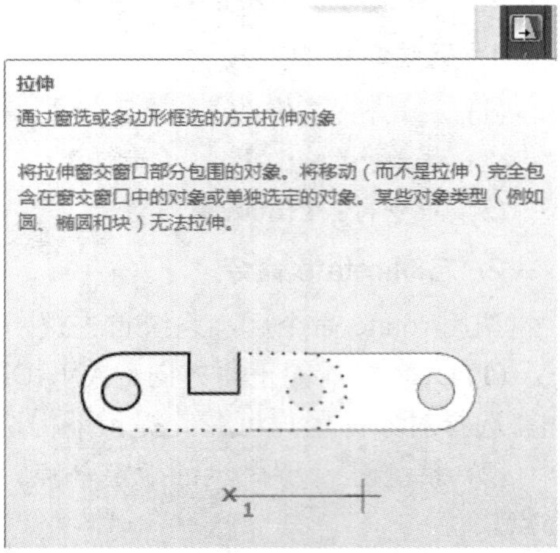

图 4-9　拉伸对象

4.1.10　拉长对象

AutoCAD 的拉长命令可以使用户修改对象的长度和圆弧的包含角。该命令只能用点取的方式选择对象，且一次只能选择一个对象。

拉长命令可以调整对象大小使其在一个方向上或是按比例增大或缩小，还可以通过移动端点、顶点或控制点来拉长某些对象。

1. 启动命令方式

(1) 工具栏：【修改】»【拉长】 　。

(2) 菜单：【修改】»【拉长】。

(3) 命令行：【lengthen(Len)】。

2. 命令的执行过程

如图 4-10 所示，如果想将原线段加长 100，修改的过程如下：

(1) 激活命令。

(2) 在系统提示：选择对象或 [增量(DE)/百分数(P)/全部(T)/动态(DY)]：下选择增量：DE，并回车。

(3) 在系统提示：输入长度增量或 [角度(A)] <50.0000>：下输入要增加的量 100，回车。

(4) 选取直线，完成拉长的操作。

原线段　　　　　　　　　　　　　　加长了 100 后的线段

图 4-10　拉长对象

4.1.11　修剪对象

AutoCAD 提供的修剪命令，使用户可以方便地利用边界对图形进行快速的修剪，使线段等精确地终止于由其他对象定义的边界。

对象既可以作为剪切边，也可以是被修剪的对象。

可以修剪的对象包括圆弧、圆、椭圆弧、直线、开放的二维和三维多段线、射线、样条曲线和参照线。

有效的剪切边的对象包括二维和三维多段线、圆弧、圆、椭圆、布局视口、直线、射线、面域、样条曲线、文字和构造线。trim 命令将剪切边和待修剪的对象投影到当前用户坐标系(UCS)的 XY 平面上。

1. 启动命令方式

(1) 工具栏：【修改】»【修剪】 　。

(2) 菜单：【修改】»【拉长】。

(3) 命令行：【trim(TR)】。

2. 启动命令提示

(1) 当前设置：投影 = UCS　边 = 无。

(2) 选择剪切边。

(3) 选择对象(此时用户可以选择一个或多个对象作为剪切边)。

3. 系统提示

选择剪切边完成之后，系统会进一步提示：

(1) 选择要修剪的对象，或【投影(P)/边(E)/放弃(U)】。

(2) 选择修剪对象，按 shift 键的同时选择延伸对象，或输入选项。

4. 各选项的功能

【投影(P)】：确定命令执行的投影空间。键入 P，执行该选项后，系统提示"输入投影选项 【无(N)/UCS(U)/视图(V)】<UCS>:"。

5. 选择修剪方式

(1) 边(E)：确定修剪边的方式。执行该选项后，系统提示"输入隐含边延伸模式 【延伸(E)/不延伸(N)]】<不延伸>:"。

(2) 放弃(U)：取消由 trim 命令最近所完成的操作。

当 AutoCAD 提示选择边界的边时，可以按 Enter 键或单击鼠标右键，然后选择要修剪的对象。AutoCAD 修剪不封闭轮廓时，可根据需要按下 Shift 键或输入命令行里提示的【投影(P)】"P"来修剪该对象，如图 4-11 所示。

6. 修剪过程

修剪的过程如图 4-12 所示，首先单击 1、2 被修剪的墙边界并回车(或单击鼠标右键)，再单击要修剪掉的墙 3、4。

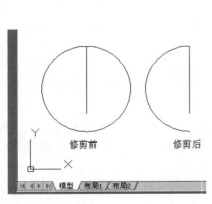

图 4-11　利用"修剪"命令修剪的图形

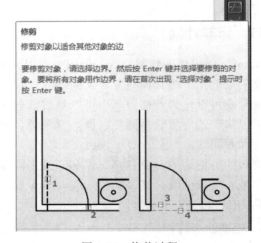

图 4-12　修剪过程

4.1.12　延伸对象

延伸(extend)命令用于将指定的对象延伸到指定的边界上。通常能用延伸命令延伸的对象有圆弧、椭圆弧、直线、非封闭的二维和三维多段线、射线等。如果以一定宽度的二维多段线作为延伸边界，则 AutoCAD 会忽略其宽度，直接将延伸对象延伸到多段线的中心线上。

1. 启动命令的方式

(1) 工具栏：【修改】»【延伸】 --/。

(2) 菜单：【修改】»【延伸】。

(3) 命令行：【extend(EX)】。

2. 延伸过程

延伸过程如图 4-13 所示。

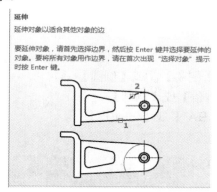

图图 4-13　延伸过程

4.1.13　打断对象

在绘图过程中，有时需要把某条直线或圆从某点断开，或者从中截掉一部分，这时就要用到打断命令。

打断命令可以把对象上指定两点之间的部分删除，当指定的两点相同时，其对象分解为两个部分。

这些对象包括直线、圆弧、圆、多段线、椭圆、样条曲线和圆环等。

1. 启动命令方式

(1) 工具栏：【修改】»【打断】或者»【打断于点】。

(2) 菜单：【修改】»【打断】。

(3) 命令行：【break(BR)】。

2. 打断过程

打断过程如图 4-14 所示。

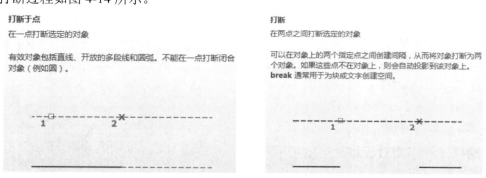

(a) 打断于点　　　　　　　　　　　　　　　　　　　　(b) 打断

图 4-14　打断过程

4.1.14 倒角与倒圆

在工程制图中，经常会要对某个实体进行倒角或倒圆的处理，在 AutoCAD 中提供了这两个命令。

对于两条相交的直线(或它们的延长线可相交的直线)，用户就可以用 chamfer(倒角)命令对这两条直线进行倒角。

1. 启动命令方式

(1) 工具栏：【修改】»【倒角】◁或【倒圆】◁。

(2) 菜单：【修改】»【倒角】或【倒圆】。

(3) 命令行：【chamfer(CHA)】或【fillet(F)】。

2. 倒角、倒圆过程

倒角、倒圆过程如图 4-15 所示。

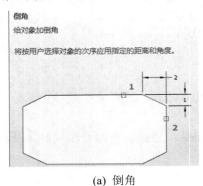
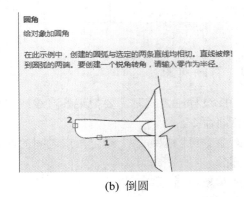

(a) 倒角   (b) 倒圆

图 4-15   倒角、倒圆过程

4.1.15 分解对象

在 AutoCAD 中某些对象(例如图块)是一个整体的，用户无法对其中的某个组成对象进行编辑，AutoCAD 提供了分解(explode)命令来分解这些对象。

1. 启动命令方式

(1) 工具栏：【修改】»【分解】。

(2) 菜单：【修改】» 【分解】。

(3) 命令行：【explode(X)】。

2. 分解复合对象过程

分解复合对象的过程如图 4-16 所示。

图 4-16   分解过程

4.1.16 编辑二维多段线

多段线是一种特殊的线条，它是集直线、弧于一身的整体。在工程制图中，大部分图形都是由直线和圆弧组成的，所以熟练地运用多段线可以使我们的工作达到事半功倍的效果。

1. 启动命令方式

(1) 工具栏：【工具】»【工具栏】»【AutoCAD】»【修改Ⅱ】»【分解】 ，如图 4-17 所示。

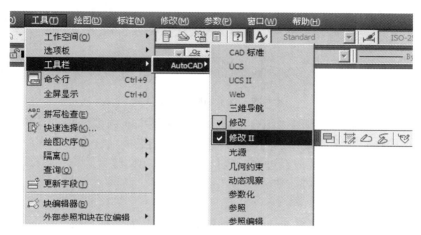

图 4-17　工具栏方式启动二维多段线

(2) 菜单：【修改】»【对象】»【多段线】。

(3) 命令行：【pedit(PE)】。

2. 激活命令

激活命令后，系统提示如下：

(1) 选择多段线或【多条(M)】：(用户在此选择要编辑的多段线)。

(2) 输入选项 [闭合(C)/合并(J)/宽度(W)/编辑顶点(E)/拟合(F)/样条曲线(S)/非曲线化(D)/线型生成(L)/放弃(U)]：。

3. 各选项的作用

(1) 闭合：如果用户正在编辑的多段线是非闭合的，那么可以用此选项使多段线闭合。

(2) 合并：利用此选项，用户可以把其他的多段线、直线或圆弧连接到正在编辑的多段线上，合并成一条新的多段线。

(3) 宽度：为整个多段线重新设置一个宽度。

(4) 拟合：该选项创建连接每一对顶点的平滑圆弧曲线，曲线经过多段线的所有顶点并使用任何指定的切线方向，如图 4-18 所示。要注意的是，在此选项中用户自己不能控制多段线的拟合方式。

(a) 原多段线　　　　　　　　　　　　(b) 拟合后的多段线

图 4-18　拟合示例

（5）样条曲线：使用选定多段线的顶点作为近似 B 样条曲线的曲线控制点或控制框架。该曲线(称为样条曲线拟合多段线)将通过第一个和最后一个控制点，除非原多段线是闭合的。曲线将会被拉向其他控制点但并不一定通过原有控制点。在框架特定部分指定的控制点越多，曲线上这种拉拽的倾向就越大。可以生成二次和三次拟合样条曲线多段线，如图 4-19 所示。

(a) 原多段线   (b) 拟合后形成的样条曲线

图 4-19   样条曲线拟合多段线

（6）非曲线化：该选项删除由拟合曲线或样条曲线插入的多余顶点，拉直多段线的所有线段。要保留指定给多段线顶点的切向信息，用于随后的曲线拟合。

（7）线型生成：该选项生成经过多段线顶点的连续图案线型。

4.1.17   编辑样条曲线

在 AutoCAD 中，可以通过 splinedit 命令来编辑绘制的样条曲线。

1. 启动命令方式

（1）工具栏：【修改Ⅱ】»【编辑样条曲线】 。

（2）菜单：【修改】»【对象】»【样条曲线】。

（3）命令行：【splinedit(PE)】。

2. 命令提示区提示信息

（1）选择样条曲线：用户在这里选择要编辑的样条曲线，选择之后，拟合点出现夹点。

（2）输入所需要的选项 [拟合数据(F)/闭合(C)/移动顶点(M)/精度(R)/反转(E)/放弃(U)]：。编辑绘制样条曲线如图 4-20 所示。

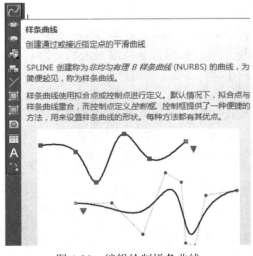

图 4-20   编辑绘制样条曲线

4.1.18　编辑多线

AutoCAD 提供的多线编辑只有固定的 12 种。

1. 启动命令方式

(1) 菜单:【修改】»【对象】»【多线】。

(2) 命令行:【mledit】。

2. "多线编辑工具"对话框

激活命令后，AutoCAD 打开【多线编辑工具】对话框，如图 4-21 所示。用户在该对话框中选择绘图所需相对应的工具后，再回到绘图区选择要编辑的多线即可。在此用户要注意选择多线时的顺序，它决定了多线编辑的最后结果。

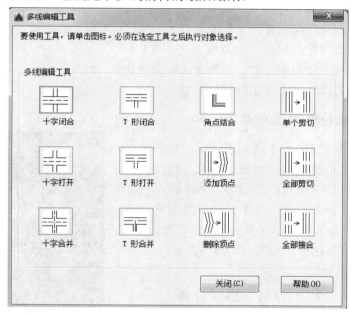

图 4-21　"多线编辑工具"对话框

4.2　修改与编辑对象

4.2.1　修改对象

修改命令 change 可以修改所选择对象的点的位置以及图层、颜色等。

1. 启动修改对象方式

命令行:【change】。

2. 命令提示区显示的提示

(1) 选择对象: (在这用户选择要修改的对象)。

(2) 指定修改点或[特性(P)]:。

(3) 如果用户在屏幕上选择一点，则将距离修改点最近的选定直线的端点移动到新点)。

3. 选择 P 选项后系统的进一步提示

(1) 输入要更改的特性 [颜色(C)/标高(E)/图层(LA)/线型(LT)/线型比例(S)/线宽(LW)/厚度(T)/材质(M)/注释性(A)]：。

(2) 各选项的功能如下：

① 颜色：改变对象显示的颜色。用户可以用英文的各种颜色名，也可以输入颜色代码(1~255 色)。

② 标高：修改二维对象的 Z 向标高。

③ 图层：改变对象所处的图形。

④ 线型：改变对象的线型(在图形中已加载了的线型才能使用)。

⑤ 线型比例：重新设置线型比例因子。

⑥ 线宽：给对象重新设置一个宽度。

⑦ 厚度：修改二维对象的 Z 向厚度。

⑧ 材质：如果附着材质，将会更改选定对象的材质。

⑨ 注释性：修改选定对象的注释性特性。

4.2.2　使用对象特性编辑对象

AutoCAD 提供了【特性】选项板让用户查看和修改对象的属性。能够利用特性修改的对象包括各种图形、尺寸、文字、图块、面域等。如果用户只是选择了一个对象，那么【特性】选项板显示该对象的特有属性，但如果用户选择了多个对象，则【特性】选项板显示的是这些对象共有的属性。

1. 启动命令方式

(1) 工具栏：【标准工具栏】»【特性】。

(2) 菜单：【修改】»【特性】或【工具】»【选项板】»【特性】。

(3) 命令行：【properties】。

2. 显示对象特性

如图 4-22 所示，【特性】选项板显示了所选的对象(五边形)的所有特性，包括五边形所处的图形、颜色、几何坐标等，这些特性有些可以在【特性】选项板编辑。

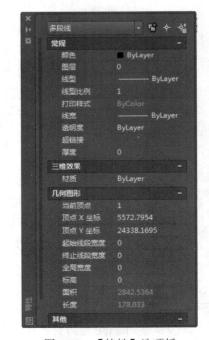

图 4-22　【特性】选项板

3. 修改对象特性

修改对象的特性，首先是选择要修改的对象，使其特性显示在【特性】选项板中。

修改的方法如下：

(1) 直接在相应的位置输入新值。

(2) 从列表中选择值(比如修改图层)。

(3) 在【特性】选项板中修改特性值。

(4) 可以用在绘图区中选择点来修改坐标值。

下面我们来具体看一个如何用【特性】选项板修改对象的特性的示例。

如图 4-23 所示的图形中的填充,原来是在图层 3 中,现在要将它所处的图层改为图层 1,同时改变填充的图案,则首先要选择填充图案,然后在【特性】选项板进行有关的修改,修改数据如图 4-24 所示。

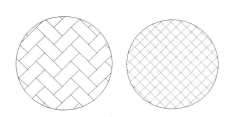

图 4-23　改变图形中填充的图案

图 4-24　修改图案填充的参数

4. 【特性】选项板四大分类

(1) 常规:在此列出了对象的一些基本属性,包括颜色、图层、线型等。对这部分属性的修改用户只要选取了要修改的属性,比如颜色,就会出现一个下拉列表的箭头,用户可在此处选择所需的颜色。

(2) 三维效果:在此给出对象的材质。同样点取【材质】也会出现下拉列表供用户选择。

(3) 几何图形:在此用户可以修改对象的坐标点等属性,以改变对象的形状。选择顶点,会出现向左或向右的箭头,用户可以在此选择要修改的顶点。

(4) 其他部分:这部分对有些实体是没有的,如直线。

5. 【特性】选项板的优点

【特性】选项板的最大优点在于,不仅仅可以对某个特定对象方便地进行属性、几何尺寸的修改,还可以对多个对象的共性进行修改,比如用户选择了多个不同图层的实体,可以用【特性】选项板一次性将这些对象修改到同一图层中。

4.3　特性匹配与夹点功能

特性匹配就是把所选择的对象的属性应用于其他对象上,它能快速方便地改变对象的属性。

4.3.1　特性匹配

1. 启动命令方式

(1) 工具栏:【标准工具栏】»【特性匹配】 。

(2) 菜单：【修改】»【特性匹配】。

(3) 命令行：【matchprop(或 painter)】。

2．系统提示信息

(1) 选择源对象：(在此用户选择要复制其特性的对象)。

(2) 当前活动设置：颜色、图层、线型、线型比例、线宽、厚度、打印样式、标注、文字、图案填充、多段线、视口、表格、材质、阴影显示、多重引线。

(3) 选择目标对象或[设置(S)]：

(在此用户选择要复制的一个或多个目标对象)。如在选择 S，则会出现一个"特性设置"对话框，如图 4-25 所示。

图 4-25 "特性设置"对话框

4.3.2 用夹点功能编辑对象

在 AutoCAD 编辑图形中，移动、复制、拉伸、旋转与镜像命令是用户最常用到的五个编辑命令，大大方便了用户的操作。

所谓的夹点，就是一个小方框，它出现在用鼠标指定的对象的关键点上。

1．启动命令方式

(1) 菜单：【工具】»【选项】»【选择集】»【夹点】。

(2) 命令行：【DDgrips】»【回车】。

2．"选项"对话框

启动命令后即出现"选项"对话框，在此可对夹点的有关属性进行设置，如图 4-26 所示。

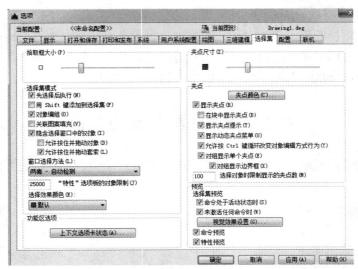

图 4-26 "选项"对话框

在此对话框中，用户可以设置夹点的大小、夹点在各种状态下的颜色等。

3．用【夹点】拉伸对象

在不输入任何命令的时候，用户直接选择对象，就会在对象上显示其夹点，然后单击其中一个夹点作为编辑的基点，这时便进入了拉伸编辑状态，系统提示：

　　　　＊＊ 拉伸 ＊＊

　　　　指定拉伸点或 [基点(B)/复制(C)/放弃(U)/退出(X)]：

以上各参数说明如下：

(1) 基点：重新确定拉伸的基点。

(2) 复制：允许用户确定一系列的拉伸点，以实现多次拉伸。

这种夹点编辑方式可以快速地拉伸对象。

4．操作过程

如图 4-27 所示，用户可以单击并拖动圆的象限点来调整圆的半径并可以对其进行同心圆的复制。

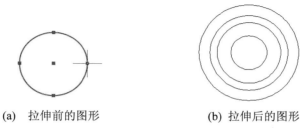

　　　(a)　拉伸前的图形　　　　　　　　　　(b)　拉伸后的图形

图 4-27　拉伸示例

(1) 选择圆。这时在夹点上选择任一个夹点(被选中的夹点颜色为红色，其他未被选中的夹点颜色为蓝色)。

(2) 命令行提示：

　　　　＊＊ 拉伸 ＊＊

　　　　指定拉伸点或 [基点(B)/复制(C)/放弃(U)/退出(X)]：用户按下 Ctrl 键或选择 C 选项，同时拖动鼠标指定拉伸到的位置。

　　　　＊＊ 多重拉伸 ＊＊

　　　　指定拉伸点或 [基点(B)/复制(C)/放弃(U)/退出(X)]：完成拉伸后按回车键结束命令。用夹点编辑不但可以拉伸，还可以移动对象、镜像对象、旋转对象和缩放对象。

第 5 章　图 案 填 充

AutoCAD 提供了图案填充功能，用选定的图案或颜色填充指定的区域。用于填充的图案包括：预定义填充图案、使用当前线型定义简单的线图案、自定义更复杂的图案。

另外，还可以使用渐变填充。渐变填充在一种颜色的不同灰度之间或两种颜色之间使用过渡。渐变填充提供光源反射到对象上的外观，可用于增强演示图形，如图 5-1 所示。

图案填充还可以创建区域覆盖对象来使指定的区域变为空白。

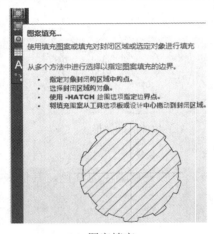
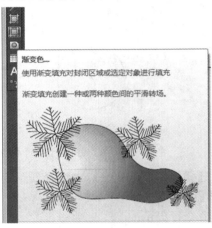

(a) 图案填充　　　　　　　　　　　　　　　　(b) 渐变填充

图 5-1　图案填充

5.1　添加填充图案

1. 启动命令方式

AutoCAD 提供了以下几种方法启动图形中的填充图案命令。

(1) 工具栏：【绘图】»【图案填充】📖。

(2) 菜单：【绘图】»【图案填充】或【工具】»【选项板】»【工具选项板-所有选项板】»【图案填充标签】。

(3) 命令行：【hatch】。

2. 图案填充操作步骤

(1) 选择上述方法之一，启动图案填充命令。

(2) 在弹出的"图案填充和渐变色"对话框中，选择【边界】项下的【拾取点】或【选择对象】的方法之一确定填充边界，如图 5-2 所示。

图 5-2　"图案填充和渐变色"对话框

(3) 选择需要的填充类型和图案，如图 5-3 所示。

图 5-3　类型和图案

(4) 根据需要，调整角度、比例、孤岛显示样式等填充参数。

(5) 单击【预览】按钮查看填充效果。按 Enter 键或单击鼠标右键以返回对话框并进行调整。

(6) 如果对调整结果满意，则可在"图案填充和渐变色"对话框中单击【确定】按钮来创建图案填充。

5.2　"图案填充和渐变色"对话框

启动图案填充命令后，就会弹出"图案填充和渐变色"对话框。如果弹出的"图案填充和渐变色"对话框中没有显示最右边一列，则可按对话框右下角的更多选项按钮 ⊙ 展开对话框。下面介绍"图案填充和渐变色"对话框中各部分的内容。

5.2.1 "图案填充和渐变色"对话框

1．类型和图案

如图 5-3 所示，【类型和图案】项目下有【类型】、【图案】、【样例】和【自定义图案】等选项，各类选项功能介绍如下：

(1) 类型：用于设置图案的类型。下拉列表框中有"预定义""用户定义"和"自定义"三种填充类型。

(2) 图案：其下拉列表框中列出可用的预定义图案，最近使用的若干个用户预定义图案出现在列表顶部。单击【图案】下拉列表框右边的按钮，会弹出"填充图案选项板"，如图 5-4 所示。从中可以同时查看所有预定义的图案，有助于用户选择。

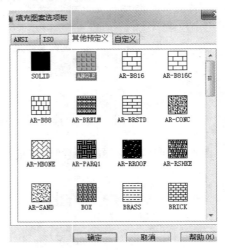

图 5-4　填充图案选项板

AutoCAD 提供了 50 多种预定义的工业标准填充图案，可表示泥土、砖或陶瓷等材质；还提供了符合 ISO(国际标准化组织)标准的 14 种填充图案。

注意：只有【类型】设置为"预定义"时，【图案】选项才可用。

(3) 颜色：选择"渐变色"后进入"渐变色"选项卡，其中【颜色】中包含"单色"和"双色"选项，并可在其中自主选择新颜色。

(4) 样例：【样例】显示选定图案的预览图像。单击【样例】右侧图形区也会弹出"填充图案选项板"。

(5) 自定义图案：【自定义图案】选项卡中列出了可用的自定义图案。只有在【类型】中选择了"自定义"，【自定义图案】选项才可用。

2．角度和比例

"图案填充和渐变色"对话框中，【角度和比例】项目的选项有：

(1) 角度：用于指定填充图案相对当前 UCS 坐标系的 X 轴的角度，如图 5-5 所示。

(2) 比例：用于指定放大或缩小预定义或自定义图案。只有将【类型】设置为【预定义】，【比例】选项才可用。

图 5-5　角度和比例

(3) 双向：只有将【类型】设置为"用户定义"时，此选项才可用。选用本项时，将以互为 90° 角的二组交叉直线填充对象。

(4) 相对图纸空间：该选项仅适用于布局。选用此项，则相对于图纸空间单位缩放填充图案，可很容易地做到以适合于布局的比例显示填充图案。

(5) 间距：只有将【类型】设置为"用户定义"时，此选项才可用。

(6) ISO 笔宽：只有将【类型】设置为"预定义"，并将【图案】设置为可用的 ISO 图案的一种，此选项才可用。笔宽决定了 ISO 图案中的线宽。

3. 图案填充原点

图案填充原点用于控制填充图案生成的起始位置，如图 5-6 所示。某些图案填充(例如砖块图案)需要与图案填充边界上的一点对齐。

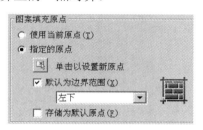

图 5-6　图案填充原点

(1) 使用当前原点：默认情况下，所有图案填充原点都对应于当前的 UCS 原点。

(2) 指定的原点：此选项提供为图案指定新的填充原点的方法。此选项被选中后，其下面的其他选项才可使用。单击设置新原点按钮 ，可在图形中直接指定新的图案填充原点。选择"默认为边界范围"选项后，可在其下方的下拉列表框中选择图案填充对象边界的矩形范围的四个角点及其中心。如图 5-7 所示，为分别使用当前原点和设置左下原点时，矩形区的填充效果。

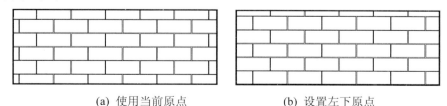

(a) 使用当前原点　　　　　　　(b) 设置左下原点

图 5-7　改变填充原点

(3) 存储为默认原点：此选项被选中，则将新图案填充原点的值存储在 HPORIGIN 系统变量中。

4. 边界

AutoCAD 允许通过选择要填充的对象或通过定义边界，然后指定内部点来创建图案填充，如图 5-8 所示。图案填充边界可以是形成封闭区域的任意对象的组合，例如直线、圆弧、圆和多段线。

图 5-8　边界

通过对【边界】下各选项的操作，可确定要填充的区域。

(1)【添加：拾取点】：此选项提供根据围绕指定点构成封闭区域的现有对象确定边界的方法。单击该按钮后，暂时关闭"图案填充和渐变色"对话框，命令行给出如下提示：

拾取内部点或 [选择对象(S)/删除边界(B)]:

单击要进行图案填充或填充的区域，或指定选项，或按 Enter 键返回"图案填充和渐变色"对话框。

(2)【添加：选择对象】：此选项提供根据构成封闭区域的选定对象确定边界的方法。单击该按钮后，暂时关闭"图案填充和渐变色"对话框，命令行给出如下提示：

选择对象或 [拾取内部点(K)/删除边界(B)]

选择对象或指定选项，或按 Enter 键返回"图案填充和渐变色"对话框。使用【添加：选择对象】选项时，软件不自动检测内部对象。必须选择所选定的边界内的对象，以按照当前孤岛检测样式填充这些对象。每次单击【添加：选择对象】时，已经选定的用于填充的选择集将被清除。

(3)【删除边界】：此选项提供从边界定义中删除以前添加到选择集的任何对象的方法。单击该按钮时，暂时关闭"图案填充和渐变色"对话框，命令行给出如下提示：

选择对象或【添加边界(A)】:

选择图案填充或填充的临时边界对象，将它们删除；或指定【添加边界】选项选择图案填充或填充的临时边界对象，添加它们；或按 Enter 键返回"图案填充和渐变色"对话框。

(4)【重新创建边界】：此选项提供围绕选定的图案填充或填充对象创建多段线或面域的方法。可使所创建多段线或面域与图案填充对象相关联(可选)。单击该按钮后，暂时关闭"图案填充"对话框，命令行给出如下提示：

① 命令：【hatchedit】；

② 输入边界对象的类型[面域(R)/多段线(P)] <多段线>:　　　(输入 R 或 P 选择是创建面域还是创建多段线)；

③ 要重新关联图案填充与新边界吗？[是(Y)/否(N)] <N>: (输入 Y 或 N 选择，是确定是否关联图案填充与新边界)。

(5)【查看选择集】：暂时关闭对话框，并使用当前的图案填充或填充设置显示当前定义的边界。如果未定义边界，则此选项不可用。注意：仅可以填充与当前 UCS 的 XY 平面平行的平面上的对象。

5. 选项

【选项】提供了【注释性】、【关联】、【创建独立的图案填充】和【绘图次序】等控制图案填充的选项，如图 5-9 所示。

(1) 注释性：用于创建单独的注释性填充对象，也可以创建注释性填充图案。使用注释性图案填充可象征性地表示材料(砂子、混凝土、钢筋等)。

(2) 关联：用于控制图案填充或填充的关联。关联的图案填充或填充在用户修改其边界时将会更新。

(3) 创建独立的图案填充：用于控制当指定了几个单独的闭合边界时，是创建单个图案填充对象，还是创建多个图案填充对象。

(4) 绘图次序：提供了为图案填充指定绘图次序的方法。

图 5-9 选项

通过图案下拉列表式对话框，可决定填充放在所有其他对象之后、所有其他对象之前、图案填充边界之后或图案填充边界之前。

6. 孤岛

孤岛是指图案填充边界中的封闭区域。用户可以选用如图 5-10 所示的三种填充样式之一填充孤岛。

(1) 孤岛检测：该选项控制是否检测内部闭合边界，即孤岛。

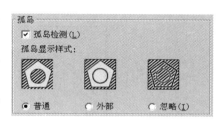

(2) 普通：是 AutoCAD 的默认填充样式，将从外部边界向内填充。如果填充过程中遇到内部边界，则填充将关闭，直到遇到另一个边界为止，即孤岛中的孤岛将被填充。

图 5-10 孤岛

(3) 外部：填充样式也是从外部边界向内填充，并在下一个边界处停止。与"普通"填充样式不同的是，此选项只对结构的最外层进行图案填充或填充，而结构内部保留空白。

(4) 忽略：填充样式将忽略内部边界，填充整个闭合区域。

7. 边界保留

【边界保留】项目用于指定是否将边界保留为对象，并确定应用于这些对象的对象类型，如图 5-11 所示。【对象类型】提供"多段线"和"面域"两种边界类型供选择。

8. 边界集

默认情况下，使用【添加：拾取点】选项来定义边界时，图案填充命令通过分析当前视口范围内的所有闭合的对象来定义边界。

在复杂的图形中可能耗费大量时间。要填充复杂图形的小区域，可以在图形中定义一个对象集，称作边界集。"图案填充"不会分析边界集中未包含的对象，这样，在该图形中填充小的区域可以节省时间。

【边界集】下拉列表框中的【当前视口】项是默认选项，图案填充命令将根据当前视口范围中的所有对象定义边界集，选择此选项将放弃当前的任何边界集。

使用【边界集】下的【新建】按钮 选定的对象定义边界集后，将【边界集】的下拉列表框中出现【现在集合】选项，如图 5-12 所示。

图 5-11　边界保留

图 5-12　边界集

9．允许的间隙

当要填充的边界是未完全闭合的区域时，该区域是否被填充由【允许的间隙】下的【公差】的大小决定。

如图 5-13 所示，"公差"设置将对象用作图案填充边界时可以忽略的最大间隙。任何小于等于指定值的间隙都将被忽略，并将边界视为封闭，如图 5-14 所示。

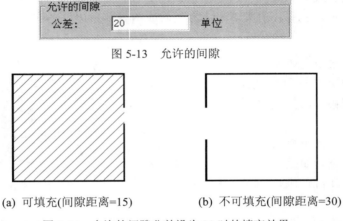

图 5-13　允许的间隙

(a) 可填充(间隙距离=15)　　　　(b) 不可填充(间隙距离=30)

图 5-14　允许的间隙公差设为 20 时的填充效果

10．继承特性和继承选项

继承特性提供了使用选定图案填充对象的图案填充特性对指定的边界进行图案填充的方法，如图 5-15 所示。

图 5-15　继承特性和继承选项

使用继承特性创建图案填充时，继承选项下的设置将控制图案填充原点的位置。【使用当前原点】被选中时，使用当前的图案填充原点设置；【使用源图案填充的原点】被选中时，使用源图案填充的图案填充原点。

11．预览

各参数确定后，单击"图案填充和渐变色"对话框左下角的按钮　预览　，程序关闭"图案填充和渐变色"对话框，并使用当前图案填充设置临时显示当前定义的边界。单击图形或按 Esc 键返回"图案填充和渐变色"对话框，单击鼠标右键或按 Enter 键接受图案填充或填充。

5.2.2 修改图案填充

1. 更改现有图案填充的填充特性

可以使用几种不同工具来更改或修改现有图案的特性。一旦选中图案填充对象，可执行以下操作：

(1) 使用"图案填充编辑器"功能区中的控件完成操作。

(2) 将光标悬停在图案填充控制夹点上以显示动态菜单。可以使用该动态菜单快速更改图案原点、角度和比例。

(3) 双击待修改的填充对象，或选中待修改的填充对象后单击鼠标右键，在弹出的快捷菜单中选择【图案填充编辑】选项即可弹出"图案填充编辑"对话框。

(4) 使用【特性】选项板进行修改。

2. 修改填充边界

图案填充边界可以被复制、移动、拉伸和修剪等。与处理其他对象一样，使用夹点可以拉伸、移动、旋转、缩放和镜像填充边界以及和它们关联的填充图案。如果所做的编辑保持边界闭合，则关联填充会自动更新。如果编辑中生成了开放边界，则图案填充将失去任何边界关联性，并保持不变。

图案填充的关联性取决于是否在"图案填充和渐变色"和"图案填充编辑"对话框中选择了【关联】选项。当原边界被修改时，非关联图案填充将不被更新。

可以随时删除图案填充的关联，但一旦删除了现有图案填充的关联，就不能再重建。要恢复关联性，必须重新创建图案填充或者必须创建新的图案填充边界并且边界与此图案填充关联。

要在非关联图案填充周围创建边界，需在"图案填充和渐变色"对话框【渐变色】选项卡选择【重新创建边界】选项，也可以使用此选项指定新的边界与此图案填充关联。

5.2.3 渐变填充

渐变填充是实体图案填充，能够体现出光照在平面上产生的过渡颜色效果。可以使用渐变填充在二维图形中表示实体。

渐变填充中的颜色可以从浅色到深色再到浅色，或者从深色到浅色再到深色平滑过渡。在两种颜色的渐变填充中，是从浅色过渡到深色，从第一种颜色过渡到另一种颜色。

1. 启动命令方式

(1) 工具栏：【绘图】»【渐变色】 ▓。

(2) 菜单：【绘图(D)】»【渐变色…】。

(3) 命令行：【gradient】。

2. 渐变填充步骤

(1) 选择上述方法之一启动渐变色 gradient 命令，打开"图案填充和渐变色"对话框。

(2) 在"图案填充和渐变色"对话框的【渐变色】选项卡中选择【单色】或【双色】，选择合适的颜色。

(3) 在"图案填充和渐变色"对话框的【渐变色】选项卡中选择【边界】项下的【添加：拾取点】或【添加：选择对象】确定填充边界。

(4) 根据需要，调整角度、方向、孤岛显示样式等填充参数。

(5) 单击"图案填充和渐变色"对话框右下方的【预览】按钮查看渐变填充的外观效果。按 Enter 键或单击鼠标右键以返回"图案填充和渐变色"对话框并进行调整。

(6) 如果对调整结果满意，则在"图案填充和渐变色"对话框中单击【确定】创建渐变填充。

3. 【渐变色】选项卡

【渐变色】选项卡定义要应用的渐变填充的外观，如图 5-16 所示。

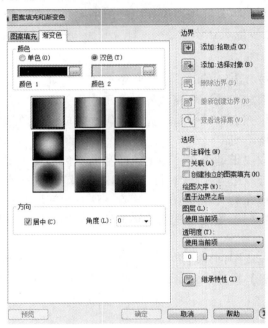

图 5-16 【渐变色】选项卡

下面介绍【渐变色】选项卡的各部分功能。

(1) 颜色：有单色和双色两种类型。单色指定使用从较深着色到较浅色调平滑过渡的单色填充。双色指定在两种颜色之间平滑过渡的双色渐变填充。可以选择 AutoCAD 颜色索引(ACI)颜色、真彩色或配色系统颜色。

① 选择【单色】时，在选项卡中显示随着染色滑块移动而变化的颜色样本。

② 选择【双色】时，在选项卡中显示【颜色 1】和【颜色 2】的颜色样本。

(2) 【渐变色】选项卡中部显示用于渐变填充线性扫掠状、球状和抛物面状三类共 9 种固定图案。

(3) 方向：【方向】项下的【居中】和【角度】选项用于指定渐变色的角度以及其是否对称。"居中"指定对称的渐变配置，如果没有选定此选项，则渐变填充将朝左上方变化，创建光源在对象左边的图案。"角度"用于指定渐变填充相对当前 UCS 的角度。

5.2.4 区域覆盖

区域覆盖对象是一块多边形区域，它可以使用当前背景色屏蔽底层的对象。使用区域覆盖命令可以在现有对象上生成一个空白区域，用于添加注释或详细的屏蔽信息。区域覆盖对象由区域覆盖边框进行绑定，可以打开区域覆盖对象进行编辑，也可以关闭区域覆盖对象进行打印。

通过使用一系列点来指定多边形的区域可以创建区域覆盖对象，也可以将闭合多段线转换成区域覆盖对象，其步骤示例如图 5-17 所示。

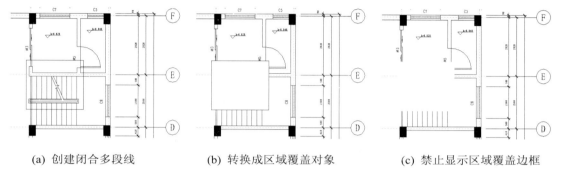

(a) 创建闭合多段线　　　(b) 转换成区域覆盖对象　　　(c) 禁止显示区域覆盖边框

图 5-17　闭合多段线转换成区域覆盖对象

1. 启动命令方式

(1) 工具栏【绘图(D)】»【区域覆盖(W)】。

(2) 命令行：【wipeout】。

2. 操作步骤与选项说明

启动区域覆盖命令后，AutoCAD 给出如下提示：

> 指定第一点或 [边框(F)/多段线(P)] <多段线>：

可选择指定第一点或输入选项，该命令各选项功能如下：

(1) 第一点：根据一系列点确定区域覆盖对象的多边形边界。选定第一点后，命令行提示"指定下一点："，直至形成一个封闭区域。

(2) 边框：确定是否显示所有区域覆盖对象的边。执行该选项后，命令行显示如下提示：

> 输入模式 [开(ON)/关(OFF)] <ON>：

输入"on"将显示所有区域覆盖边框；输入"off"将禁止显示所有区域覆盖边框。

(3) 多段线：根据选定的多段线确定区域覆盖对象的多边形边界。执行该选项后，命令行给出如下提示：

> 选择闭合多段线：(选择闭合多段线)
>
> 是否要删除多段线？[是(Y)/否(N)] <否>：

输入 Y 将删除用于创建区域覆盖对象的多段线。输入 N 将保留多段线。

第 6 章　文字、字段和表格

一幅完整的工程图样中除了有图形元素外，还可能出现文字、表格以及尺寸标注。比如，用文字表达图名、构配件的材料及做法、施工要求等；用表格来说明门窗、钢筋等的使用情况；用尺寸标注，准确、清晰地表达出建筑物及细部的尺寸大小，作为施工的依据。以上内容都是工程图中的重要组成部分，AutoCAD 为此提供了强大的、方便的支持功能。

6.1　设置文字样式

在 AutoCAD 中，标注文字前应该先设置文字样式，所有的文字都是在当前文字样式下创建的。所谓的文字样式就是包含文字字体、高度、宽度因子、倾斜角度等参数的文字格式。

6.1.1　设置文字样式过程

1．启动命令方式

(1) 工具栏：【样式】»【文字样式】。

(2) 菜单：【格式】»【文字样式】。

(3) 命令行：【style (st)】。

启动命令后系统将弹出"文字样式"对话框，如图 6-1 所示。

图 6-1　"文字样式"对话框

2．管理文字样式

"文字样式"对话框各选项功能如下：

(1) 样式：列出当前文件中所有已创建的文字样式。对于一个新文件，只有默认的一种样式名"Standard"，该样式名不能被修改。

(2) 置为当前：单击此按钮，可以将选择的文字样式设置为当前使用的文字样式。

(3) 新建：单击该按钮，将打开"新建文字样式"对话框，如图 6-2 所示。默认的样式名为"样式 1"，可以根据需要修改此样式名。

图 6-2　"新建文字样式"对话框

(4) 删除：单击该按钮，可以删除所选文字的样式。但当前样式和默认的"Standard"样式不能被删除。

3．设置字体

(1) 字体名：该下拉列表框用于选择字体。

按照国家标准，工程制图中所用汉字为长仿宋体，在 AutoCAD 中可选择"仿宋_GB2312"或大字体 gbcbig.shx，都能满足制图要求。西文标注还可选用 gbenor.shx、gbeitc.shx 两种字体。

(2) 字体样式：该下拉列表框可以设置当前字体的字体样式，它只对 TrueType 字体有效。不同的 TrueType 字体出现的样式是不同的。当选择某些 TrueType 字体如"Times New Roman"字体时，可以有四种样式选择：粗体、粗斜体、斜体和常规，而有的只有常规一种样式。

(3) 使用大字体：只有在【字体名】下拉列表框中指定了扩展名为".shx"的字体时，该选项才能使用。勾选【使用大字体】后，【字体样式】将变为"大字体"，可以从下拉列表框中选中一种大字体。

(4) 注释性：选择此项，被选中的文字样式将具有注释性，从而能通过调整文字的注释比例使其以正确的大小在图纸上显示或打印。

(5) 高度：设置文字的高度。

4．设置文字效果

在【效果】栏可以为文字设置颠倒、反向、垂直等显示效果，改变这些选项可在预览区看到更改效果。

(1) 颠倒：使文字上下颠倒。

(2) 反向：使文字左右颠倒。

(3) 垂直：使文字垂直书写。

(4) 宽度因子：设置文字的宽度与高度之比。当输入大于 1 的值时，文字会变扁，而输入小于 1 的值时，文字会变窄。

工程制图中，使用"仿宋_GB2312"时，宽度因子应设置为 0.7；而使用 gbcbig.shx、gbenor.shx、gbeitc.shx 等字体时，宽度因子应设置为 1。AutoCAD 在设计这些字体时，预先将其宽度因子设为 0.7。

6.1.2　创建与编辑单行文本

单行文本每一行就是一个对象，主要用于创建简短的文字内容，并且可以对每行文字单独进行编辑。

1. 启动命令方式

(1) 工具栏：【文字】» 。

(2) 菜单：【绘图】»【文字】»【单行文字】。

(3) 命令行：【text (dt)】。

2. 提示信息

执行该命令后，命令窗口出现如下提示：

当前文字样式："Standard" 文字高度：2.5000 注释性：　指定文字的起点或 [对正(J)/样式(S)]:

3. 指定文字的起点

文字起点是指文字对象的开始点。AutoCAD 对文字设定了 4 条假想的定位线：顶线、中线、基线、底线，如图 6-3 所示。默认情况下，开始点是指单行文本行基线的起点，而文字的对正方式为左对齐。指定一个点后，命令窗口继续出现以下提示：

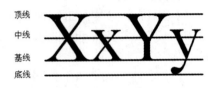

图 6-3　文字定位线

指定高度 <2.5000>:　(指定文字的高度)

(1) 设置文字的高度：只有"文字样式"对话框中使用默认高度 0 时，才出现该提示。

(2) 指定文字的旋转角度<0>：指整行文本对象绕对正点旋转的角度。

当指定以上内容后，将出现单行文本的"在位文字编辑器"，在此处用户即可输入文字。输入完一行后可以按 Enter 键继续下一行文本的输入，但每行文本是一个独立的对象。在输入单行文本的过程中，如果想改变后面输入文本的位置时，只需先将光标移到新位置并按左键，"在位文字编辑器"就会移到新位置，接着可继续输入文字。若要结束创建文本，可以按两次 Enter 键。

4. 设置对正方式

如果在"指定文字的起点或 [对正(J)/样式(S)]:"提示后输入"j"，就可以设置文字的对正方式。进入该项后命令窗口会出现如下提示：

输入选项 [对齐(A)/调整(F)/中心(C)/中间(M)/右(R)/左上(TL)/中上(TC)/右上(TR)/左中(ML)/正中(MC)/右中(MR)/左下(BL)/中下(BC)/右下(BR)]:

各选项的功能如下：

对齐：选择该项后，会要求指定首行文本基线上的两个端点，这两点间的距离将确定每行文本的宽度，当每行文本的字数不同时，将会自动调整文字的高度，但不改变文字的宽度因子，从而保证每行文本的宽度相同。

调整：选择该项后，也会要求指定首行文本基线上的两个端点，这两点间的距离同样将确定每行文本的宽度，另外还会要求指定文字高度。当每行文本的字数不同时，文字的高度仍保持不变，只改变文字的宽度因子，从而保证每行文本的宽度相同。

其他对正方式：选择其他选项后，会要求为首行文本指定相应的点，各种对正方式所对应的点如图 6-4 所示。其他行文本将会相应地左对齐、右对齐或中间对齐。

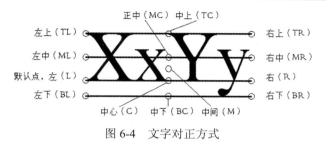

图 6-4　文字对正方式

5．设置当前文字样式

如果在"指定文字的起点或 [对正(J)/样式(S)]："提示后输入 s，就可以设置当前文字样式。进入该项后命令窗口会出现如下提示：

　　　　输入样式名或 [?] <Standard>：

用户可以直接输入样式名称。当不清楚有哪些样式或样式名称是什么时，也可以输入"？"进行查询。

6．编辑单行文本

可以选择【修改】»【对象】»【文字】子菜单中的命令进行单行文本的重新编辑，也可以打开对象特性框进行修改。

6.1.3　创建与编辑多行文本

多行文本也称为段落文字，整个段落就是一个对象，在工程制图中主要用于创建较为复杂的文字说明，如施工要求等。

1．启动命令方式

(1) 工具栏：【绘图】» A 。

(2) 菜单：【绘图】»【文字】»【多行文字】。

(3) 命令行：【mtext (mt、t)】。

2．命令提示

执行该命令后，命令窗口出现如下提示：

　　　　当前文字样式："Standard" 文字高度：2.5 注释性：指定第一角点：

此时通过指定两对角点来指定矩形区域，用于确定多行文本的位置。用户可以在绘图窗口中拖动鼠标来指定这个区域，然后弹出"文字格式"工具栏和多行文本的"在位文本编辑器"，如图 6-5 所示。

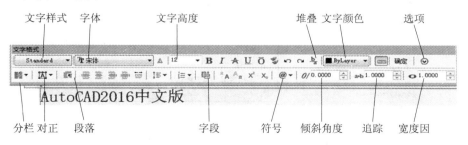

图 6-5　"文字格式"工具栏和多行文本"在位文本编辑器"

3. 使用"文字格式"工具栏

通过"文字格式"工具栏，可以设置文字样式、字体、高度、加粗、斜体、颜色、分栏、对正等，其含义与 Word 文本编辑软件类似。

图 6-6 符号菜单来自图·6-5 工具条的符号按钮@▼。

图 6-7 字符映射表来自图 6-5 符号菜单的最后选项【其他(o)...】。

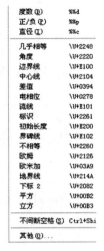

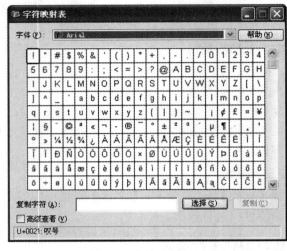

图 6-6　符号菜单　　　　　　　　图 6-7　字符映射表

4. 使用选项菜单

在"文字格式"工具栏中单击选项按钮 ，可以打开选项菜单对多行文本进行更多的设置，如图 6-8 所示。

(1) 输入文字：用于将其他文字编辑程序中保存的扩展名为".txt"或".rtf"的文件导入到当前文本中。

(2) 背景遮罩：执行该选项将弹出如图 6-9 所示的对话框，可以为多行文本设置背景色，使其背景为不透明的。

图 6-8 多行文本选项菜单　　　　　　图 6-9　"背景遮罩"对话框

5. 编辑多行文本

同单行文字的编辑一样，可以选择【修改】»【对象】»【文字】子菜单中的命令进行多行文本的重新编辑，也可以打开对象特性框进行修改。

6.2　创 建 字 段

工程图中经常遇到设计过程中文字和数据会发生变化，比如说建筑图中修改设计后的建筑面积、重新编号后的图纸序号、更改后的出图尺寸和日期，以及公式的计算结果等。当这些数据发生变化后，需要做相应的手工修改。但这不仅仅增加了工作量，而且往往容易漏改一些数据，这样在工程图纸就会出现错误。所以 AutoCAD 引入了字段概念。字段也是文字，字段等价于可以自动更新的"智能文字"，就是可能会在图形生命周期中修改数据的更新文字，设计人员在工程图中如果需要引用会变化的文字或数据，就可以采用字段的方式，这样，当字段所代表的文字或数据发生变化时，不需要手工去修改它，字段会自动更新。如工程图中某处引用了"文件名"字段，那么这个字段的值就是该文件的名称，当该文件名称被修改了，字段更新时就会显示新的文件名。

6.2.1　创建字段过程

没有值的字段将显示连字符"--------"。例如，在"图形特性"对话框中设置的"作者"字段可能为空。无效字段将显示井号(####)。例如，"当前图纸名"字段仅在图纸空间中有效，将它放置到模型空间中则显示井号。

字段可以作为一个独立对象插入到图形中，也可以作为多行文字的一部分插入到多行文字中，还可以插入到表单元、块属性中；还可以统计房屋建筑面积；创建表格；等等。

1. 启动命令方式

(1) 菜单：【插入】»【字段】。

(2) 命令行：【field】。

启动多行文本命令后，就会弹出"在位文本编辑器"。单击按钮 或单击右键后，在弹出的快捷菜单中选择【插入字段】，如图 6-10 所示。也可在表格创建过程中，选中单元格后按以上方法启动【字段】命令，命令启动后系统将弹出"字段"对话框，如图 6-11 所示。

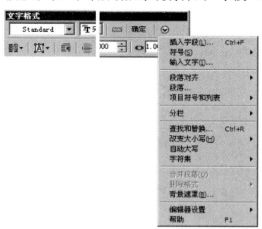

图 6-10　选择【插入字段】

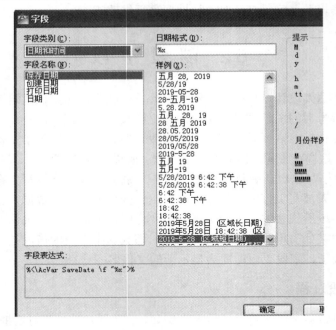

图 6-11　"字段"对话框

2．字段设置

在"字段"对话框中，以下选项可以对字段进行设定。

(1) 字段类别：该下拉列表框等选项可以选择字段的类别，有打印、对象、其他、全部、时间和日期、图纸集、文档、已链接等选项。

(2) 字段名称：这里将显示所选类别包含的字段名称，用户可在此处选择需要的字段，根据所选字段的不同该对话框右侧的设置将发生相应的变化。以选中"保存日期"字段为例，如图 6-11 所示，对话框右侧的【样例】会显示时期的不同表达样式，可以从中选择一种需要的样式。

(3) 字段表达式：显示说明字段的表达式。字段表达式无法编辑，但可以通过查看此部分了解字段的构造方式。

如果是创建的一个独立字段对象，则按【确定】按钮后命令行会继续出现以下提示：

　　当前文字样式：　"Standard"　文字高度：　2.5000

　　指定起点或 [高度(H)/对正(J)]：

各选项的含义与单行文本命令中的选项相同。

如果字段只是作为多行文字、表单元、块属性的一部分，那么字段将遵从它们的设置。

6.2.2　更新字段

字段对象创建之后，根据需要可及时对其进行更新。字段更新的方式有两种，一种是自动更新，另一种是手动更新一个或多个字段。

1．自动更新

(1) 菜单：选择【工具】»【选项】对话框»【用户系统 配置】选项卡»【字段更新设

置】按钮，会弹出如图 6-12 所示的"字段更新设置"对话框。可以设置文件在打开、保存、打印等情况下自动更新字段。

图 6-12　"字段更新设置"对话框

(2) 命令行：输入"fieldeval"命令后按 Enter 键确定，命令行会要求输入新值，该值是以下任意值相加的和：

　　　　0：不更新　　1：打开时更新　　　2：保存时更新　　　4：打印时更新

　　　　8：使用 Etransmit 命令更新　　　16：重生成时更新

例如，仅在打开、保存或打印文件时更新字段，就应输入新值 7。

2．手动更新

(1) 更新单个字段：双击文字进入在位编辑状态，再右击要更新的字段，在弹出的快捷菜单中选择【更新字段】命令，即可更新该字段。

(2) 更新多个字段：在命令行中输入"updatefield"，按 Enter 键确定之后，会要求选择对象，此时可选择多个包含要更新字段的对象并按 Enter 键确定，即可将这些字段更新。

第 7 章　属性与外部参照

在绘图过程中常会碰到一些重复使用的图形，比如我们在绘制建筑图时常要绘制门，在电路图中常要绘制电阻，机械图中常要绘制螺纹件等，这些对象在一幅图中重复出现，如果每个对象都要用户一笔一笔画出来，无疑会大大增加用户的工作量，造成了工作效率的低下。为了解决这个问题，AutoCAD 提供了一个完美的解决方案，这就是"图块"的引用，简称为"块"。

7.1　块的属性及定义

块及其属性与定义和外部参照是 AutoCAD 特有的对图形中对象进行管理的高级模式。块即是将一些经常重复使用的对象组合起来，形成一个"块对象"，然后将其保存起来，在以后的绘图中能够轻松地引用。它可以大大提高作图的精确度和速度，减小文件的大小。外部参照就是一个图形对另一个图形的引用，这种引用方式对目前大规模的多人合作绘图十分方便。

块是一个或多个对象结合在一起形成的对象体，在 AutoCAD 中块是作为一个整体存在的，尽管也许在这一个对象中包含了在不同层中的实体。用户可以对块进行缩放、复制、移动等操作。如图 7-1 所示，图中所有的坐厕，只要用户画好一次，存成块文件，就可以在以后的绘图工作中重复作用。

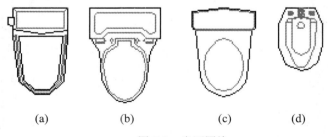

|　　(a)　　　　　　(b)　　　　　　(c)　　　　　　(d)|

图 7-1　坐厕图块

7.1.1　块的形成

引用块之前，必须把对象定义成块，定义块的方式有两种：将块保存在当前图形中(这种方式定义的块只能在当前图形中使用)；将块单独以图形文件保存(这种方式定义的块可以在所有的图形中插入使用)。

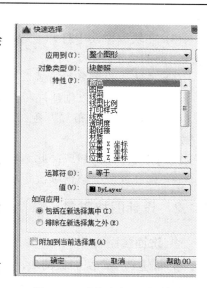

1．在当前图形中保存块

在定义块之前，首先要把想要定义成块的对象绘制好。

在当前图形中保存块的方法有以下三种：

(1) 工具栏：【绘图】»【创建块】 。

(2) 菜单：【绘图】»【块】»【创建】。

(3) 命令行：【block(b)】。

启动命令后将打开"块定义"对话框，如图 7-2 所示。

2．块定义对话框中各选项的意义

(1) 基点：指定块的插入基点，默认插入点坐标值为 (0,0,0)。若勾选【在屏幕上指定】，则在关闭对话框时，将提示用户指定基点。

(2) 拾取点：将暂时关闭"块定义"对话框，在当前图形中拾取插入基点。

图 7-2　　"块定义"对话框

(3) 对象：指定块中要包含的对象，以及当创建块之后是删除这些实体，还是保留或者转换成块。

① 在屏幕上指定：关闭"块定义"对话框时，将提示用户指定对象。

② 选择对象：单击该按钮，可以暂时关闭"块定义"对话框，回到绘图区中选择要创建成块的对象。完成选择后按回车键，又可以回到"块定义"对话框。

③ (快速选择按钮)：单击该按钮，会弹出"快速选择"对话框，如图 7-3 所示。用户可以通过该对话框进行快速过滤来选择满足一定条件的实体。

④ 保留：选中此选项，所选取的实体在生成块后仍保持原状。

⑤ 转换为块：选中此选项，所选取的实体生成块后在原图形中也转换成块。

⑥ 删除：选中此选项，所选取的实体在生成块后原实体被删除。

图 7-3　　"快速选择"对话框

(4) "设置"：用于设置块单位。

① 块单位：在该下拉菜单中可指定块参照的插入单位。

② 超链接：单击此选项，会打开"插入超链接"对话框，可把某个超链接与块定义相

关联。

(5) 在块编辑器中打开：选取该选项后，表示当单击按钮 确定 后，在块编辑器中打开当前的块定义。

(6) 方式：设置各种方式。

① 注释性：可以创建注释性块参照。

② 使块方向与布局匹配：指定在图纸空间视口中的块参照的方向与布局的方向相匹配。

③ 按统一比例缩放：此选项表示指定是否允许块参照不按统一比例缩放。

④ 允许分解：该选项决定块是否允许分解。

7.1.2 设计图块对象

1. 洗面盆图块

下面建立一个洗面盆图块，如图 7-4 所示。

(1) 打开"块定义"对话框，给块取名为"洗面盆"，选取图形左上角的交点为基点，生成块后删除原来的实体，各选项如图 7-5 所示。

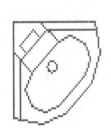

图 7-4 洗面盆

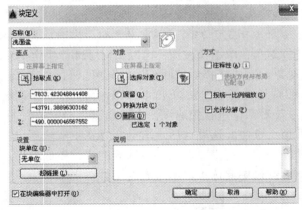

图 7-5 洗面盆块定义

(2) 单击【选择对象】按钮，在图中选择洗面盆图形，然后单击按钮 确定 ，一个洗面盆块就定义好了。

(3) 将块保存为单独的文件。

用以上方法制作的块只能在当前图形中使用。如果用户希望在其他的图形中也能使用该块，则必须将块作为一个单独的文件保存。

2. 写块

在命令提示行中输入"wblock"，然后按回车键，将弹出如图 7-6 所示的"写块"对话框。"写块"对话框中各选项的功能如下：

① 源：指定块和对象，将其保存为文件并指定插入点。

② 块：指定要保存为文件的现有块，可从块列表中选取名称。

③ 整个图形：将当前的整个图形作为一个块文件保存。

④ 对象：指定块的基点，选择对象，此过程与上面制作块的过程相同。
⑤ 基点：指定块的插入基点。
⑥ 对象：指定新块中所要包含的对象及创建块后如何处理这些对象。
⑦ 目标：指定文件放置的路径及文件名。

图 7-6　"写块"对话框

7.2　图块的插入

制作块是为了在将来的绘图中使用这些块，以加快绘图的速度与精度，而要调用块就要在图形中插入块。

7.2.1　图块插入操作

1. 启动命令方式

(1) 菜单：【插入】»【块】。

(2) 工具栏：【绘图】»【插入块】 。

(3) 命令行：【insert】。

执行命令后，会出现"插入"对话框，如图 7-7 所示。

图 7-7　"插入"对话框

2. 插入对话框功能

(1) 名称：指定要插入的图块名称，或通过浏览选择要作为块插入的文件名。

(2) 路径：要插入的块文件的路径。

(3) 插入点：在屏幕上指定块的插入点，如果不选择【在屏幕上指定】复选框，则可以用键盘输入插入点的坐标。

(4) 比例：输入块的插入比例，可以在屏幕上指定，也可以在对话框中给定。

(5) 旋转：输入块插入时的旋转角度；

(6) 统一比例：X、Y、Z 均采用相同的比例因子插入。

7.2.2 属性

属性是附加块上的文字说明，用于表示块的非图形信息。可以利用属性来跟踪类似于零件数量和价格等的数据。属性值可以是可变的，也可以是不可变的。在插入一个带有属性的块时，AutoCAD 将把固定的属性值随块添加到图形中，并提示输入那些可变的属性值。

1. 启动命令方式

(1) 菜单：【绘图】»【块】»【定义属性】。

(2) 命令行：【attdef】。

启动命令后，可以打开"属性定义"对话框，如图 7-8 所示。

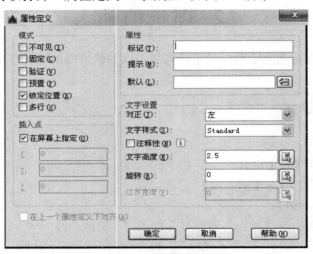

图 7-8　"属性定义"对话框

2. 属性定义对话框功能

(1) 模式：在图形中插入块，设置与块有关的属性值选项。

① 不可见：指定块、插入块时，不显示或打印属性值；

② 固定：在插入块时，赋予块以固定的值；

③ 验证：插入块时提示验证属性值是否正确；

④ 预置：插入包含预置属性值的块时，将属性设置为默认值；

⑤ 锁定位置：锁定块参照中属性的位置；

⑥ 多行：指定属性值可以包含多行文字。

(2) 属性：在此设置属性数据。

① 标记：在图形中标识属性。属性标记可以包含除空格或惊叹号之外的任何字符。如果是小写字符则会自动转换成大写字符。

② 提示：指定在插入包含该属性定义的块时显示的提示。如果在模式中选择了"固定"模式则不显示此选项。

③ 默认：指定默认值。如果不输入提示，则属性标记将用作提示。如果在模式中选择了"常数"则该选项不可用。

(3) "插入点"：指定属性的位置。

(4) "文字设置"：设置属性文字的对齐方式、样式、高度和旋转角度。

3．块创建属性步骤

(1) 绘制如图 7-9(a)所示的图形。

(2) 选择【绘图】»【块】»【定义属性】，打开"属性定义"对话框，设置成如图 7-9(b)所示的图形。

(3) 单击【拾取点】按钮，在图形上选择一点。

(4) 单击按钮 ◻确定◻，此时绘图区的图形如图 7-9(b)所示。

4．创建属性块

创建属性块的方法与创建块相同。

5．插入图块

插入图块的过程如下：

(1) 命令行输入【insert】；

(2) 指定插入点或 [基点(B)/比例(S)/X/Y/Z/旋转(R)]；

(3) 输入属性值；

(4) 输入轴号 <1>：2。

插入的块如图 7-9(c)所示。

(a) 原始图形　　　　　　(b) 绘图区的图形　　　　　　(c) 插入的块

图 7-9　给块创建属性

第8章 尺寸标注与编辑

尺寸标注是工程图设计的重要一环，一幅工程图仅有图形和文字是不足以表达清楚设计意图的，只有尺寸才能反映对象的真实大小和位置。本章主要学习如何设置尺寸标注样式，标注各种类型的尺寸，编辑尺寸标注。

8.1 尺寸标注概述

在进行尺寸标注以前，需要先了解尺寸的组成、类型以及标注步骤。

8.1.1 尺寸标注步骤

1．尺寸标注组成

尺寸标注是由直线、箭头、文字等图形对象组成的图块，它是由一些标准的尺寸标注元素，即尺寸数字、尺寸界线、尺寸线、尺寸起止符号组成，如图 8-1 所示。

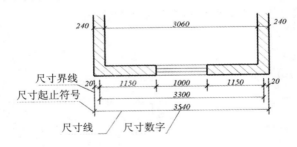

图 8-1　尺寸标注组成

2．标注类型

AutoCAD 提供了十多种标注工具，能进行线性、对齐、直径、半径、角度、连续、基线、圆心、坐标等标注，如图 8-2 所示。

3．标注步骤

(1) 通过"图层管理器"新建一个专门用于尺寸标注的图层。

(2) 通过"文字样式"命令新建一个用于尺寸标注的文字样式。

(3) 通过"标注样式"命令新建一个尺寸标注样式。

(4) 通过"对象捕捉"准确指定点，从而对图形中的对象进行尺寸标注。

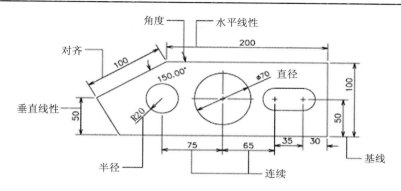

图 8-2　主要标注类型

8.1.2　设置尺寸标注样式

要标注尺寸首先要创建合适的尺寸标注样式。尺寸标注样式的设置比较复杂，涉及"线"、"符号和箭头"、"文字"、"调整"、"主单位"、"换算单位"和"公差"七个选项卡的内容。

1. 启动命令方式

(1) 工具栏：【样式】或【标注】。

(2) 菜单：【标注】»【标注样式】或【格式】»【标注样式】。

(3) 命令行：【dimstyle (d、dst、ddim)】。

启动命令后系统将弹出"标注样式管理器"对话框，如图 8-3 所示。

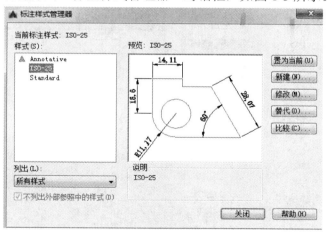

图 8-3　"标注样式管理器"对话框

2. 管理标注样式

在"标注样式管理器"对话框中，以下选项可以对标注样式进行管理。

(1) 样式(S)：列出当前文件中所有已创建的标注样式。选中某样式后按右键，会弹出一个快捷菜单，可以进行置为当前、重命名和删除操作，但新样式名和当前样式不能被删除。

(2) 置为当前：单击此按钮，可将选择的标注样式设置为当前使用的样式。

(3) 新建：单击该按钮，将打开"创建新标注样式"对话框，如图 8-4 所示，默认样式名为"副本 ISO-25"，可以根据需要修改此样式名。在【基础样式】下拉列表框可以选择已有的标注样式作为范本，还可以设定样式为"注释性"的，然后按【继续】按钮将会弹出如图 8-5 所示的"替代当前样式"对话框，继续创建新样式。

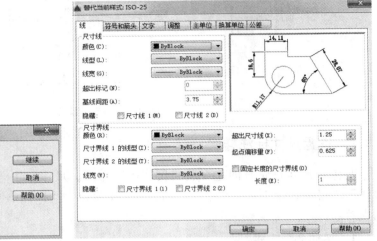

图 8-4　"创建新标注样式"对话框　　　　图 8-5　"替代当前样式"对话框

(4) 修改：可以对原有标注样式进行设置修改。按此按钮会弹出"修改标注样式"对话框，如图 8-6 所示，其具体设置与新建标注样式一样。

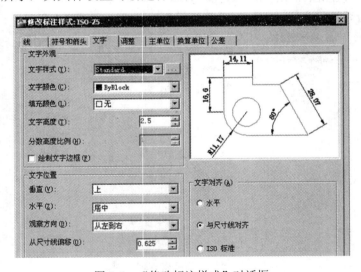

图 8-6　"修改标注样式"对话框

(5) 替代：此选项用于新建一个当前标注样式的临时子样式"样式替代"，它可以对当前标注样式的设置进行修改，临时性地替代当前标注样式进行标注，而已经用当前样式标注的尺寸不会受到影响，其具体设置也与新建标注样式一样。

(6) 比较：用于对已有的标注样式进行两两比较，列出它们的不同之处。单击此按钮将会出现如图 8-7 所示的对话框。

图 8-7　"比较标注样式"对话框

3．"线"选项卡

"线"选项卡可以对尺寸线、尺寸界线进行详细设置，如图 8-8 所示。

(1) 尺寸线：该区域可以对尺寸线的颜色、线型、线宽、超出标记等进行设置。所谓"超出标记"是指当尺寸箭头为建筑标记、小点、倾斜等符号时，可以设置如图 8-8(a)所示的这段距离。"基线间距"是指进行基线尺寸标注时可以设置平行的尺寸线之间的距离，如图 8-8(b)所示。而"隐藏"选项则可以通过隐藏"尺寸线 1"或"尺寸线 2"不显示部分尺寸线。

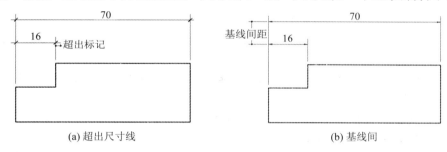

图 8-8　尺寸线选项

(2) 尺寸界线：该区域可以设置尺寸界线的颜色、线型、线宽、隐藏等，与"尺寸线"设置相似。"超出尺寸线"用于设置尺寸界线超出尺寸线的距离，如图 8-9(a)所示。"起点偏移量"则是指尺寸界线的起点与标注时所指定的点之间的距离，如图 8-9(b)所示。"固定长度的尺寸界线"是指尺寸界线长度为一个固定值。

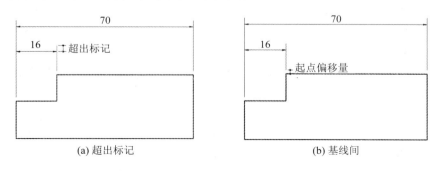

图 8-9　尺寸界线选项

4. "符号和箭头"选项卡

"符号和箭头"选项卡如图 8-10 所示，可以对标注的尺寸符号和箭头进行详细设置。

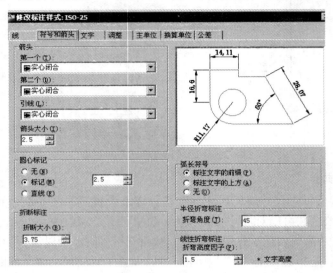

图 8-10　"符号和箭头"选项卡

(1) 箭头：设置箭头、引线的样式和大小。

(2) 圆心标记：设置圆心标记的样式和大小(该设置影响【标注】»【圆心标记】命令的执行效果)。

(3) 折断标注：指在执行"标注打断"命令时，打断位置与指定的打断对象之间的距离(该设置影响【标注】»【标注打断】命令的执行效果)。

(4) 弧长符号：用于设置是否有弧长符号或该符号与文字的位置关系(该设置影响【标注】»【弧长】命令的执行效果)。

(5) 折弯角度：用于设置半径折弯标注的角度(该设置影响【标注】»【折弯】命令的执行效果)。

(6) 折弯高度因子：用于调整线性折弯标注的大小(该设置影响【标注】»【折弯线性】命令的执行效果)。

5. "文字"选项卡

"文字"选项卡如图 8-11 所示，可以对标注文字进行外观、位置、对齐等详细设置。

(1) 文字外观：该区域可以设置文字样式、颜色、高度等内容。其中，【分数高度比例】是当【主单位】选项卡中的【单位格式】设为分数时才能修改，该比例表示标注文字中分数相对于其他标注文字的比例。【绘制文字边框】是给标注文字加上一个矩形框。

(2) 文字位置：该区域用于设置标注文字的位置。

① 垂直：指标注文字相对于尺寸线在垂直方向上的位置，共有"居中""上方""外部"和"JIS"四个选项。其中"居中"如图 8-12(a)所示，将标注文字放在尺寸线的中间；"上方"如图 8-12(b)所示，将标注文字放在尺寸线的上方；"外部"如图 8-12(c)所示，将标注文字放在离标注对象最远的一边；"JIS"如图 8-12(d)所示，按照日本工业标准(JIS)来放置标注文字。

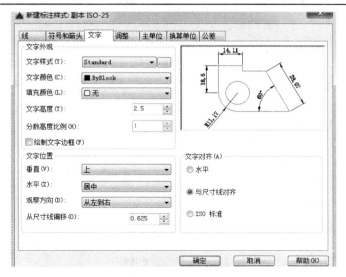

图 8-11 "文字"选项卡

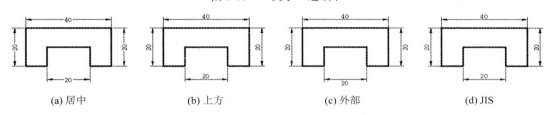

| (a) 居中 | (b) 上方 | (c) 外部 | (d) JIS |

图 8-12 标注文字在垂直方向上的位置

② 水平：指标注文字相对于尺寸线和尺寸界线在水平方向上的位置，共有"居中"、"第一条尺寸界线"、"第二条尺寸界线"、"第一条尺寸界线上方"和"第二条尺寸界线上方"五个选项，如图 8-13 所示。

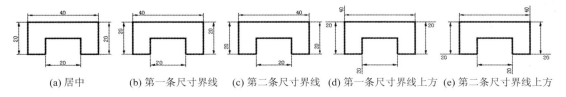

| (a) 居中 | (b) 第一条尺寸界线 | (c) 第二条尺寸界线 | (d) 第一条尺寸界线上方 | (e) 第二条尺寸界线上方 |

图 8-13 标注文字在水平方向上的位置

③ 从尺寸线偏移：设置标注文字与尺寸线之间的距离。

(3) 文字对齐：该区域设置标注文字是水平、与尺寸线对齐还是按 ISO 标准处理，如图 8-14 所示。

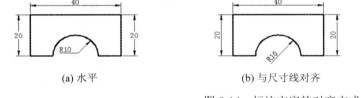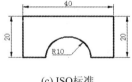

| (a) 水平 | (b) 与尺寸线对齐 | (c) ISO标准 |

图 8-14 标注文字的对齐方式

6. "调整"选项卡

"调整"选项卡如图 8-15 所示，可以设置标注文字、箭头、尺寸线在一些特殊情况下的位置。

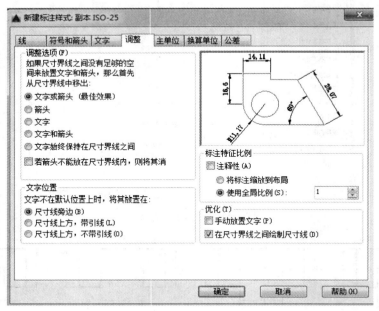

图 8-15　"调整"选项卡

(1) 调整选项：该区域可以设置在尺寸界线之间没有足够的空间同时放置标注文字和箭头时，为了表示清楚，如何将标注文字和箭头移到其他位置，共有六个选项。

(2) 文字位置：该区域用于设置标注文字不在默认位置时如何将其放置。

(3) 标注特征比例：该区域用于设置尺寸线、尺寸界线、箭头、标注文字、偏移量、超出量等尺寸标注外观大小，对以上这些内容的外观按此比例缩放。

① 注释性：用于设定此标注样式是否具有注释性。

② 将标注缩放到布局：指在布局空间中会自动根据当前模型空间视口和图纸空间的比例来确定标注缩放比例，以确保布局中标注外观不受视口缩放比例的影响。

③ 使用全局比例：为所有的尺寸标注设置缩放比例。

(4) 优化：用于对标注文字和尺寸线进行微调。【手动放置文字】是指在标注时可把标注文字放在用户指定的位置上。【在尺寸界线之间绘制尺寸线】是指当尺寸箭头放置在尺寸界线之外时，也可在尺寸界线之内绘制出尺寸线。

7. "主单位"选项卡

"主单位"选项卡如图 8-16 所示，可以设置单位格式、测量单位比例、消零等内容。

(1) 线性标注：该区域可以设置单位格式、精度、分数格式、小数分隔符、舍入、前缀、后缀。

(2) 测量单位比例：该区域用于设置实际标注的值与测量出的真实值之间的比例关系。其中，【比例因子】用于指定一个比例，实际标注出的尺寸值就是测量出的真实值与这个比例的乘积。【仅应用到布局标注】是指在布局空间中标注出来的尺寸值才受以上【比例因子】

的影响，面对模型空间中标注的尺寸无效。

(3) 消零：控制是否消除尺寸数字前面或后面的零，如"16.60"在选中【后续】选项后则会标注成"16.6"。

(4) 角度标注：该区域设置角度标注的单位格、精度及是否消零。

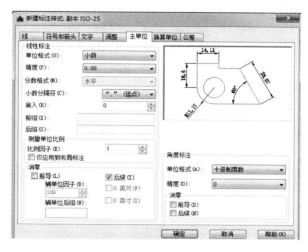

图 8-16　"主单位"选项卡

8．"换算单位"选项卡

"换算单位"选项卡如图 8-17 所示，可以将主单位换算成其他单位格式的值，或者是公制与英制单位进行换算。在标注文字中，换算出的值会标注在主单位旁的[ ]中。

图 8-17　"换算单位"选项卡

(1) 换算单位：该区域可以设置换算单位的单位格式、精度、换算单位倍数、舍入精度、前缀、后缀。其中的【换算单位倍数】用于指定主单位与换算单位之间的换算因子，该文本框中的默认值 "0.03937…" 为公制单位与英制单位的换算因子。

(2) 消零：选择是否省略标注换算线性尺寸时的零。

(3) 位置：用于设置换算单位放在主单位的后面或是下面。

8.1.3　线性标注

线性标注用于标注水平、垂直和旋转尺寸，如图 8-18 和图 8-19 所示。

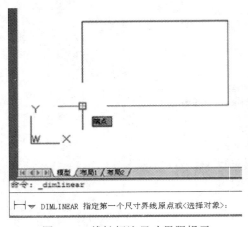

图 8-18　线性标注尺寸界限提示

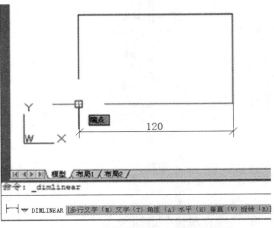

图 8-19　线性标注尺寸线位置提示

1．启动命令方式

(1) 工具栏：【标注】»　□　。

(2) 菜单：【标注】»【线性】。

(3) 命令行：【dimlinear (dli)】。

2．操作步骤与选项说明

1) 启动命令

命令行给出如下提示：

(1) 指定第一条尺寸界线原点或 <选择对象>：(指定一点作为第一条尺寸界线的起点或直接按 Enter 键接受 "选择对象"，如果是接受 "选项对象" 则接下来会要求选择被标注对象，然后进入下一步)；

(2) 指定第二条尺寸界线原点：(指定另一点作为第二条尺寸界线的起点)。

2) 指定尺寸线位置

指定尺寸线位置或[多行文字(M)/文字(T)/角度(A)/水平(H)/垂直(V)/旋转(R)]，如图 8-19 所示。

(1) 指定尺寸线位置：指定尺寸线放置的位置，然后系统会自动标注测量出尺寸界线间的距离。命令到此结束。

(2) 多行文字：用多行文本来输入标注文字。进入此选项，将会弹出 "多行文本编辑器" 并可输入文字。

(3) 文字：用单行文本来输入标注文字。可以输入 "＜＞" 来表示测量值。

(4) 角度：设定标注文字的旋转角度。

(5) 水平和垂直：用于创建水平尺寸或者垂直尺寸。

(6) 旋转：用于创建旋转尺寸，即用来标注线段在某个角度方向上的投影长度。

8.1.4 对齐标注

对齐标注用于标注倾斜方向的尺寸。

1．启动命令方式

(1) 工具栏：【标注】» ↘ 。

(2) 菜单：【标注】»【对齐】。

(3) 命令行：【dimaligned (dal)】。

2．操作步骤与选项说明

启动命令如下：

(1) 指定第一条尺寸界线原点或 <选择对象>；

(2) 指定第二条尺寸界线原点；

(3) 指定尺寸线位置或[多行文字(M)/文字(T)/角度(A)]。

以上步骤的执行与线性标注命令中的对应选项相同。

8.1.5 基线标注

基线标注用于从前一次标注或选定标注的基线处，创建几个相互平行的标注。

1．启动命令方式

(1) 工具栏：【标注】» ☐ 。

(2) 菜单：【标注】»【基线】。

(3) 命令行：【dimbaseline (dba)】。

2．操作步骤与选项说明

(1) 启动命令；

(2) 指定第二条尺寸界线原点或 [放弃(U)/选择(S)] <选择>；

(3) "指定第二条尺寸界线原点"：此选项将直接把前一标注的第一条尺寸界线的起点作为基线标注的基准。当指定了点后，会绘制出一个基线标注并重复显示上面的提示。

3．"选择"选项

"选择"选项将要求指定一个已有的尺寸标注，直接以这个尺寸界线作为基线标注的基准。当选择了某个尺寸标注后，也将重复显示上面的提示。

8.1.6 连续标注

连续标注用于创建首尾相连的标注，即前一次标注的第二条尺寸界线作为下一个标注第一条尺寸界线的起点。

1．启动命令方式

(1) 工具栏：【标注】» ⊞。

(2) 菜单：【标注】》【连续】。

(3) 命令行：【dimcontinue (dco)】。

2．操作步骤与选项说明

(1) 启动命令；

(2) 指定第二条尺寸界线原点或 [放弃(U)/选择(S)] <选择>。

以上各选项的含义与操作均与基线标注相同。

8.1.7 半径和直径标注

半径和直径标注用于标注圆和圆弧的半径、直径尺寸。

1．启动命令方式

(1) 工具栏：【标注】》【半径🕑】或【直径🖱】。

(2) 菜单：【标注】》【半径】或【直径】。

(3) 命令行：【半径 dimradius (dra)】或【直径 dimdiameter(ddi)】。

2．操作步骤与选项说明

(1) 启动命令；

(2) 选择圆弧或圆： (选择要标注的圆或圆弧)；

(3) 指定尺寸线位置或 [多行文字(M)/文字(T)/角度(A)]：(选择其中的一个选项，各项的含义与线性标注命令中的相同)；

(4) 选择了圆或圆弧后，会标注测量出的半径或直径的大小，并在半径值前标注上"R"，在直径值前标注 "Ø"。

8.1.8 折弯标注

折弯标注用于创建大圆弧的折弯半径标注(也称为缩放半径标注)，如图 8-20 所示。

1．启动命令方式

(1) 工具栏：【标注】》 🖉 。

(2) 菜单：【标注】》【折弯】。

(3) 命令行：【dimjogged (djo)】。

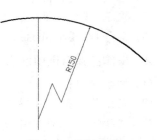

图 8-20　折弯标注

2．操作步骤与选项说明

(1) 启动命令；

(2) 选择圆弧或圆：(选择要标注的圆或圆弧)；

(3) 指定图示中心位置：(指定任意点代替原半径标注所指向的圆心位置)；

(4) 指定尺寸线位置或 [多行文字(M)/文字(T)/角度(A)]：(与半径标注中的相同)；

(5) 指定折弯位置： (指定折弯处的位置以标注尺寸)。

8.1.9 角度标注

角度标注用于创建角度尺寸，可以标注圆弧的圆心角、两条线的夹角、三点之间的夹角等。

1. 启动命令方式

(1) 工具栏:【标注】» △ 。

(2) 菜单:【标注】»【角度】。

(3) 命令行:【dimangular (dan)】。

2. 操作步骤与选项说明

(1) 启动命令;

(2) 选择圆弧、圆、直线或 <指定顶点>: (选择要标注的圆、圆弧或直线,或按 Enter 键接受默认选项"指定顶点",选择不同对象后面的操作有差异)。

当选择某一选项后,需要关注命令行中的提示,需准确选择下一级选项。

8.1.10 弧长标注

弧长标注用于标注圆弧或多段线圆弧的弧线长度,如图 8-21 所示。

1. 启动命令方式

(1) 工具栏:【标注】» 🔗 。

(2) 菜单:【标注】»【弧长】。

(3) 命令行:【dimarc (dar)】。

2. 操作步骤与选项说明

(1) 启动命令;

(2) 选择弧线段或多段线弧线段: (选择要标注的圆弧或多段线弧线段);

(3) 指定弧长标注位置或 [多行文字(M)/文字(T)/角度(A)/部分(P)/引线(L)]。

以上选项的含义与线性标注命令相同,"默认""部分"与"引线"的含义如下:

① 默认:标注弧长时,命令行中不选择任何一个选项,所标注的弧长模式如图 8-21(a) 所示;

② 部分:此选项用于指定圆弧上部分弧长如图 8-21(b)所示;

③ 引线:此选项用于在弧长标注中添加引线,如图 8-21(c)所示。

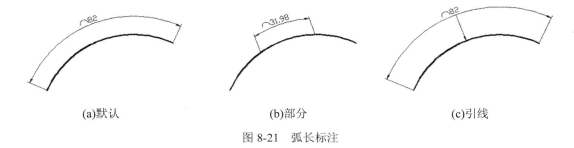

(a)默认   (b)部分   (c)引线

图 8-21 弧长标注

8.1.11 坐标标注

坐标标注用于标注某点的 X 坐标和 Y 坐标,如图 8-22 所示。

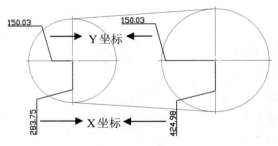

图 8-22　坐标标注

1．启动命令方式

(1) 工具栏：【标注】» 〖图标〗。

(2) 菜单：【标注】»【坐标】。

(3) 命令行：【dimordinate (dor)】。

2．操作步骤与选项说明

(1) 启动命令；

(2) 指定点坐标：(指定要标注的点)。

(3) 指定引线端点或 [X 基准(X)/Y 基准(Y)/多行文字(M)/文字(T)/角度(A)]。

默认情况下指定引线的端点位置后，系统自动标注出该点的坐标。"X 基准"与"Y 基准"分别为标注该点的 X 坐标和 Y 坐标；其他选项的含义与线性标注命令相同。

8.1.12　圆心标注

圆心标注用于标注圆和圆弧的圆心符号，如图 8-23 中所示。

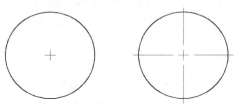

图 8-23　圆心标注

1．启动命令方式

(1) 工具栏：【标注】» 〖图标〗 。

(2) 菜单：【标注】»【圆心标记】。

(3) 命令行：【dimcenter (dce)】。

2．操作步骤与选项说明

(1) 启动命令；

(2) 选择圆弧或圆：(指定要标注的圆或圆弧)。

标注样式中的"符号与箭头"选项卡中的圆心标记有无、标记和直线三种形式，此处会按标注样式的设置来标注圆心符号。

8.1.13 多重引线

多重引线用于创建引线和注释，如图 8-24 所示。

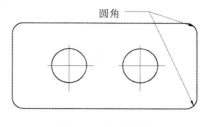

1. 启动命令方式

(1) 工具栏：【多重引线】» 。

(2) 菜单：【标注】»【多重引线】。

(3) 命令行：【mleader】。

图 8-24 多重引线

2. 操作步骤与选项说明

(1) 启动命令；

(2) 指定引线箭头的位置或[引线基线优先(L)/内容优先(C)/选项(O)]<引线基线优先>。

引线标注一般分为两种：带文字和带块的，这两种类型都是由箭头、引线、基线、内容四部分构成的，如图 8-25 所示。

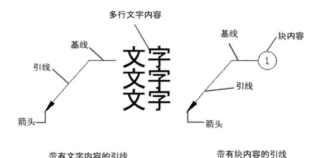

图 8-25 引线组成

8.1.14 快速标注

快速标注(Quick Dimensioning，QDIM)命令，用于一次对一系列相互关联的标注对象进行连续、基线、坐标、半径、直径或并列标注，也可以用于批量编辑若干个已有的标注对象。执行快速标注后，只需要框选所要标注的对象，就可以快速生成所有标注。相比其他标注命令而言，如基线标注(Dimbaseline)、连续标注(Dimcontinue)等，快速标注可大幅缩减标注的操作次数，提高绘图效率。

1. 启动命令方式

(1) 工具栏：【标注】» 。

(2) 菜单：【标注】»【快速标注】。

(3) 命令行：【qdim】。

2. 操作步骤与选项说明

(1) 启动命令。

(2) 选择要标注的几何图形：(指定要标注的对象)。

(3) 指定尺寸线位置或 [连续(C)/并列(S)/基线(B)/坐标(O)/半径(R)/直径(D)/基准点(P)/编辑(E)/设置(T)] <连续>：(可以选择所需要的标注选项来进行尺寸标注)。

8.2　编辑尺寸标注

编辑尺寸标注用于编辑已有标注的文字内容和尺寸界线等。

8.2.1　编辑尺寸标注过程

1．编辑标注

使用标注工具栏的按钮 或在命令行输入"dimedit"可以启动编辑标注命令，启动后会出现"输入标注编辑类型 [默认(H)/新建(N)/旋转(R)/倾斜(O)] <默认>:"的提示。

(1) 默认：用于使标注恢复到默认位置和方向；

(2) 新建：用于修改标注文字内容；

(3) 旋转：使标注文字按指定角度旋转；

(4) 倾斜：可以使非角度标注的尺寸界线按此角度倾斜。

2．编辑标注文字

编辑标注文字用于编辑已有标注的文字位置和角度。单击标注工具栏的按钮 、选择菜单【标注】»【对齐文字】或输入命令"dimtedit"可以启动此命令。启动后会出现"指定标注文字的新位置或 [左(L)/右(R)/中心(C)/默认(H)/角度(A)]:"的提示。

(1) 左、右、中心：使标注文字放置在尺寸线的左边、右边或中间；

(2) 默认：按默认位置、方向放置标注文字；

(3) 角度：将标注文字按角度旋转。

3．标注间距

标注间距用于修改已有标注的尺寸线之间的距离。点击标注工具栏的按钮 、选择菜单【标注】»【标注间距】或输入命令"dimspace"可以启动此命令。当出现"选择基准标注:"的提示后选择第一个标注；接着出现"选择要产生间距的标注:"时可以选择其他多个标注。结束选择后，命令行出现"输入值或 [自动(A)] <自动>:"提示。

(1) 输入值：重新设定尺寸线的间距值。

(2) 自动：基于在选定基准标注的标注样式中指定的文字高度自动计算间距，所得的间距值是标注文字高度的两倍。

8.2.2　应用实例

为一个建筑平面图标注尺寸，步骤如下：

(1) 打开已绘制好图形的建筑平面图。

(2) 输入命令：dimstyle(d)，按回车键，则会弹出"标注样式管理器"对话框，新建一个标注样式名为"dimn"，置为当前样式。按之前图 8-1 到图 8-2 的样式设置标注样式的各选项。

(3) 打开定位轴线所在的图层，以便进行尺寸标注。

(4) 输入命令：dli，按回车键，启动线性标注命令。反复执行此线性标注命令，对第一道细部尺寸全部进行标注。

(5) 输入命令：dba，按回车键，启动基线标注命令，目的在于保持各道尺寸间距一致。

首先选择某个方向的第一道尺寸，使用基线标注命令标注最外侧的第二道轴线间尺寸(暂时先标注一个，后面再用连续标注命令标注其他的第二道尺寸)，和第三道外轮廓总尺寸。反复执行此基线标注命令，对每个方向均按此方法标注。

(6) 输入命令：dco，启动连续标注命令。

首先完成某个方向尺寸链的第一个尺寸标注，然后输入连续标注的快捷命令"dco"，依次单击所需要标注的线段端点，进行连续标注。反复执行连续标注命令，对每个方向均按此方法标注。

完成尺寸标注后的建筑平面图如图 8-26 所示。

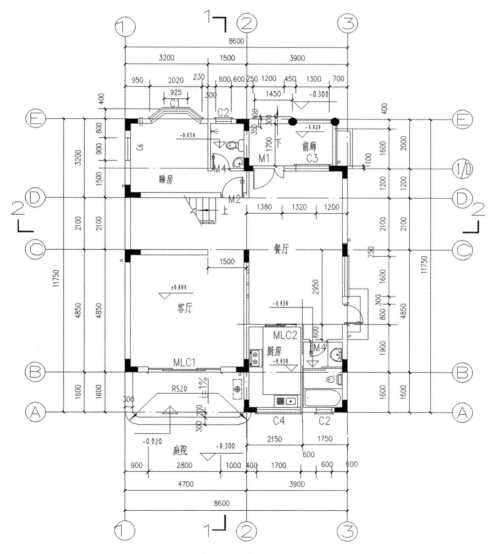

图 8-26　完成尺寸标注的建筑平面图

第 9 章　模型、图纸等空间与图纸输出

当所有的图形绘制完之后，往往需要将其打印输出到图纸上，AutoCAD 提供了强大的图形打印功能，能满足用户对图形的图纸化需求。另外，一个优秀的绘图软件必须具有强大的数据交换功能，AutoCAD 为此提供了多种数据共享方式，能与许多常用软件方便地交换数据。本章主要介绍在模型空间与布局空间的不同打印方法、视口设置、输出选项设置、外部参照、数据输入和输出。

9.1　模型空间与布局空间

本节主要学习在模型空间、布局空间，以及在这两种空间中的打印出图方法。

在 AutoCAD 中有两个工作环境，即模型空间与布局空间(图纸空间)。模型空间就是完成绘图与设计的工作空间。

前面用户所接触到的各种操作都是在模型空间中进行的。模型空间是没有边界的，是一个虚拟的三维空间。用户在模型空间中绘制二维或三维图形来表达对象，并能对三维模型进行渲染等工作。在模型空间中，可以按 1∶1 的比例绘制模型，并确定一个单位表示一毫米、一分米、一英寸、一英尺或者还是表示其他在工作中使用最方便或最常用的单位。

布局空间又称为图纸空间，是一个二维空间，它完全模拟手工绘图时的图纸，主要用于在绘图之前或之后安排图形输出时的布置，可以在这里指定图纸大小、添加标题栏、显示模型的多个视图以及创建图形标注和注释。在布局空间中，一个单位表示打印图纸上的图纸距离。根据绘图仪的打印设置，单位可以是毫米(mm)或英寸(in)。

用户在模型空间绘制的图形会自动更新到布局空间，但布局空间中绘制的内容却不会显示在模型空间中。这两种空间的外观如图 9-1 所示。

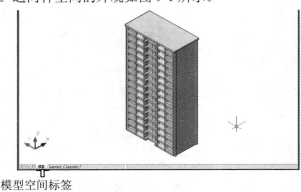

模型空间标签

(a) 模型空间

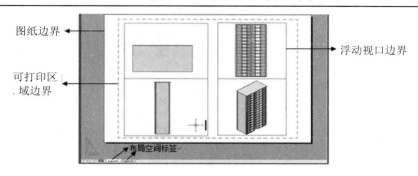

(b) 布局空间

图 9-1　模型空间与布局空间

9.1.1　空间切换

AutoCAD 默认的模型空间与布局空间的切换按钮在状态栏中，如图 9-2 所示。按下【模型】按钮就进入【模型】空间，按下【布局 1】按钮就进入了【布局 1】空间，单击【布局 2】右侧的【+】按钮，就会增加新的布局空间。

在状态栏屏幕坐标值右侧设有模型空间与图纸空间相互转换按钮，如图 9-3 所示。图纸空间可以理解为覆盖在模型空间上的一层不透明的纸，需要从图纸空间看模型空间的内容，必须进行开"视口"操作。

图 9-2　模型空间与布局空间按钮

图 9-3　模型空间与图纸空间相互转换按钮

图纸空间是一个二维空间，三维操作的一些相关命令在图纸空间不能使用。图纸空间主要的作用是用来出图的，就是把我们在模型空间绘制的图，在图纸空间进行调整、排版，这个过程称为布局。布局是什么？布局像对一张画进行裱装，像对一个展品加配标签，像选择取景框来观察事物。布局是把实物和图纸联系起来的桥梁，通过这种过渡，更加充分地表现实物的可读性。

进入布局空间后，若在浮动视口边界内双击，或单击图 9-4 状态栏中的【图纸】按钮使其变成模型，就能在布局环境中进入模型空间了，这时视口边界变成粗实线。

图纸按钮

图 9-4　状态栏右侧图纸按钮

1. 新建布局

在 AutoCAD 中有两种方法可以新建布局，一是通过如图 9-5 所示的菜单和工具栏创建，过程是：选择【插入】»【布局】»进行【来自样板的布局】，打开"从文件选择样板"对话框。二是通过如图 9-2、图 9-3 所示的标签进行相互转换。

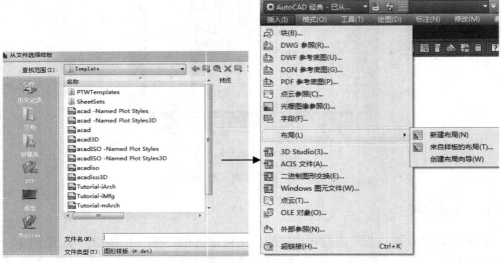

图 9-5　布局下拉菜单和工具栏

【插入】下拉菜单【布局】选项子菜单中的【创建布局向导】，会弹出如图 9-6 所示的一系列对话框，直至进入完成阶段的操作，这些对话框均对打印出图起到至关重要的作用。

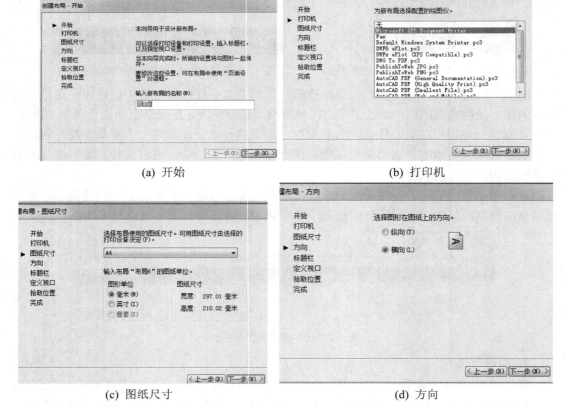

(a) 开始　　　　　　　　　　　　　　(b) 打印机

(c) 图纸尺寸　　　　　　　　　　　　(d) 方向

图 9-6　创建布局向导衍生出来的创建布局对话框

2. 视口

当所绘制的图形比较复杂或者绘制三维模型时，为了便于同时观察图形的不同部分或不同侧面，可以将绘图区域划分为多个视口，这些视口就好似多部相机在拍摄同一物体，只不过选择了不同的视角和焦距，并且显示不同的视图可以缩短在单一视图中缩放或平移的时间。另外，在一个视图中出现的错误可能会在其他视图中表现出来。

在模型空间中，用户可以执行创建视口命令创建多个不重叠的视口以展示图形的不同视图。但是在模型空间中，AutoCAD 不能将这些视图打印在一张图纸上。布局空间同样可以创建一个或多个视口，这多个视口的位置可自行移动，并能实现同时打印多个视图的功能，所以布局空间主要用于打印出图。模型空间中创建的视口称为平铺视口，布局空间中的称为浮动视口。视口的相关命令在如图 9-7 所示的菜单和工具栏中。

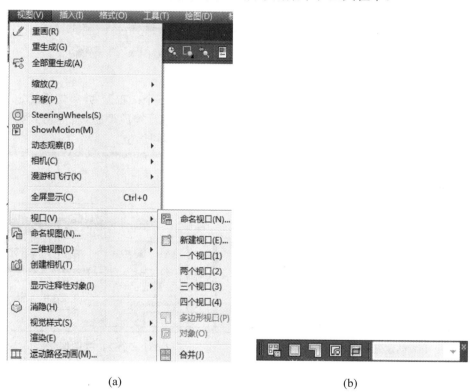

(a)　　　　　　　　　　　　　　(b)

图 9-7　视口下拉菜单和工具栏

3. 模型空间中的平铺视口

模型空间可以设置多个视口，但只有一个视口为当前视口，当前视口的边框显示为粗黑实线，可以用鼠标单击来切换当前视口。用户只能在当前视口中绘制和编辑图形，做出修改后，其他视口也会立即更新。模型空间划分的平铺视口只能是固定大小和位置的视口，各视口间必须相邻，且视口只能为标准的矩形。

在模型空间中可以通过在菜单栏选择【视图】»【视口】»【新建视口】打开如图 9-8 所示的"视口"对话框，可以在这里创建新视口。

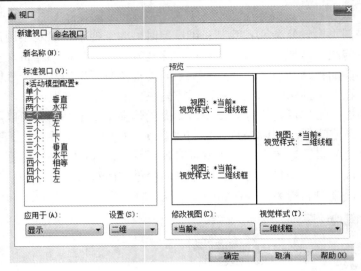

图 9-8　"视口"对话框

例如：打开一幅建筑图，在"视口"对话框中选择【三个：右】，并单击【确定】按钮，则会得到如图 9-9(a)所示的结果，再对每个视口中的视图进行缩放调整，就能得到如图 9-9(b)所示的样子，它可以全面清楚地反映出该建筑正立面的不同部位。

(a) 创建三个视口后

(b)对三个视口视图调整后

图 9-9　模型空间视口创建

9.1.2　打印及绘图仪管理

在打印出图时有两个重要的设置，一个是对打印机或绘图仪的设置，另一个是关于打印样式的设置。

1. 绘图仪管理器

当打印的图形不大，对打印的质量也要求不高时，就可以使用普通的 Windows 系统打印机了。但若刚好相反，则应使用专门的工程绘图仪。要在 AutoCAD 中配置相应的输出设备，则可以通过绘图仪管理器来安装。

通过选择菜单【文件】》【绘图仪管理器】打开如图 9-10 所示的绘图仪管理器。可以双击已有的绘图仪，弹出相关"绘图仪配置编辑器"对话框，从中可以查看或修改该绘图仪的配置、端口、设备和介质设置。若双击"添加绘图仪向导"就可以开始新装绘图仪并对其进行设置了。将图形布局输出到打印机、绘图仪或文件，保存和恢复每个布局的打印机设置。

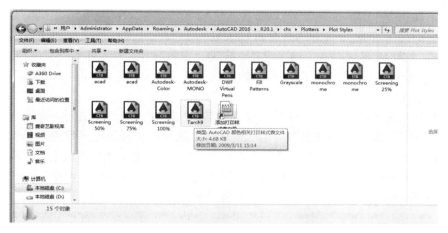

图 9-10　绘图仪管理器

　　打印机和绘图仪均可以打印图形，可以通过使用打印术语"print"或"plot"来执行打印操作。

　　用于输出图形的命令为"PLOT"，可以从"快速访问"工具栏对其进行访问，如图 9-11所示。

　　若要在"打印"对话框中显示所有选项，可单击如图 9-12 所示的更多选项按钮 ⊗，会出现大量可供使用的有关打印的设置和选项，如图 9-13 所示。

图 9-11　"快速访问"工具栏中的打印按钮　　图 9-12　"打印-模型"对话框中"更多选项"按钮

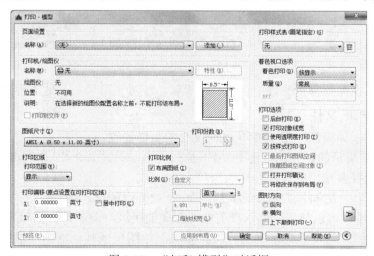

图 9-13　"打印-模型"对话框

2. 创建页面设置

要打开页面设置管理器，可在【模型】选项卡或【布局】选项卡上单击鼠标右键，然后选择【页面设置管理器】，如图 9-14 所示。该命令为"pagesetup"。

图形中的每个布局选项卡都具有可以关联的页面设置，它可以在使用多个输出设备、格式或者在同一图形中有多个不同图纸尺寸的布局时，方便大家设置。

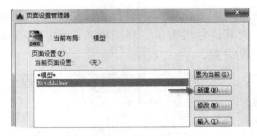

图 9-14　页面设置管理器

若要创建新的页面设置，可在页面设置管理器中单击【新建】并输入新页面设置的名称。接下来在显示的"页面设置"对话框中选择要保存的全部选项和设置。

当准备就绪可以打印时，只需在"打印"对话框中指定页面设置的名称，即可恢复所有打印设置。如图 9-15 所示，将"打印"对话框设置为使用漫游页面设置，这将输出 DWF (Design Web Format)文件，而不是将其打印到绘图仪。

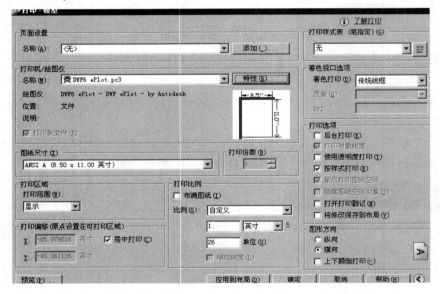

图 9-15　"打印"对话框

提示：可以在图形样板文件中保存页面设置，或者也可以从其他图形文件输入。

3. 输出为 PDF 文件

以下样例显示如何创建用于打印 PDF 文件的页面设置。

在如图 9-16 所示的【打印机/绘图仪】下拉列表中，选择"AutoCAD PDF(常规文档).pc3：7"。接下来，选择要使用的尺寸和比例选项：

(1) 图纸尺寸：方向(纵向或横向)已内置于下拉列表的选项中。

(2) 打印区域：可以使用这些选项剪裁要打印的区域，但通常会打印所有区域。

(3) 打印偏移：此设置会基于用户的打印机、绘图仪或其他输出而进行更改。尝试将打印居中或调整原点，但需记住，打印机和绘图仪在边的周围具有内置的页边距。

(4) 打印比例：从下拉列表中选择打印比例。比例(如"¼ = 1-0")表示用于打印到模型选项卡中的比例。在布局选项卡上，通常以1：1比例进行打印。

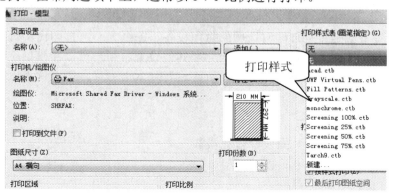

图9-16　打印样式

打印样式表提供有关处理颜色的信息，如图9-17所示。在监视器上看上去正常的颜色可能不适合PDF文件或不适合打印。例如，我们可能要创建的是彩色图形，但却创建单色输出。

提示：始终使用"打印-模型"对话框左下角的【预览】按钮选项仔细检查设置，如图9-17所示。

图9-17　预览检查

生成的"预览"窗口包含多个控件，包括"打印"和"退出"工具栏，如图9-18所示。

对打印设置满意之后，需将其保存为具有描述性名称(例如"PDF-单色")的页面设置。此后无论何时要输出PDF文件，只需单击【打印】按钮，选择【PDF-单色】页面设置，然后单击【确

图9-18　"打印"和"退出"工具栏

定】按钮即可。

9.1.3 页面设置

页面设置主要就是设置打印时所用的打印设备、图纸大小、打印比例等内容，控制打印出图时的页面布局、打印设备、图纸尺寸和其他设置。用户可以在模型空间中打印，也可以在布局空间中打印。两种打印方法的页面设置基本上一样，所以这里以在模型空间中为例。

1. 启动命令方式

(1) 菜单：【文件】»【页面设置管理器】。

(2) 工具栏：【布局】» ▣ 。

(3) 命令行：【pagesetup】。

(4) 快捷菜单：在【模型】标签或某个布局标签上单击鼠标右键，然后选择【页面设置管理器】。

2. 操作步骤与选项说明

(1) 启动命令。

(2) 弹出如图 9-19 所示的页面设置管理器，各选项说明如下：

① 页面设置：列出应用于当前布局的页面设置。

② 当前页面设置：显示应用于当前布局的页面设置。

③ 置为当前：将所选的页面设置设置为当前布局的当前页面设置。

④ 新建：用于新建一个页面设置，如图 9-20 所示。

⑤ 修改：可以编辑所选页面设置的设置。

⑥ 输入：从 DWG、DWT 或 Drawing Interchange Format (DXF)文件中输入一个或多个页面设置。

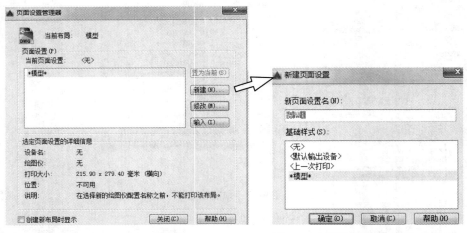

图 9-19 页面设置管理器   图 9-20 "新建页面设置"对话框

3. "页面设置-模型"对话框

点击"新建页面设置"对话框中的【确定】按钮后，会弹出如图 9-21 所示的"页面设置-模型"对话框。

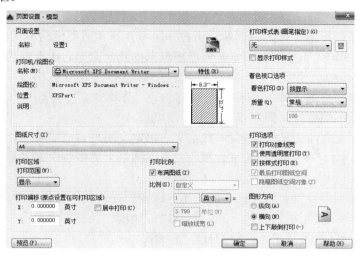

图 9-21　"页面设置-模型"对话框

各选项说明如下：

(1) 打印机/绘图仪-名称：列出可用的 PC3 文件或系统打印机，可以从中进行选择。

(2) 特性：单击"特性"按钮，显示"绘图仪配置编辑器"对话框，如图 9-22、图 9-23所示。

图 9-22　绘图仪配置编辑器

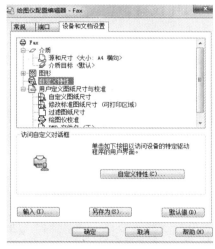

图 9-23　"自定义"绘图仪配置编辑器

(3) 图纸尺寸：显示所选打印设备可用的标准图纸尺寸。如果未选择绘图仪，将显示全部标准图纸尺寸的列表以供选择。如果所选绘图仪不支持选定的图纸尺寸，将显示警告，用户可以选择绘图仪的默认图纸尺寸或自定义图纸尺寸。

(4) 打印范围：有"布局/图形界限""范围""显示""窗口"四种选项。"布局/图形界限"是指若打印布局时，将打印指定图纸尺寸的可打印区域内的所有内容，其原点从布局中的(0，0)点计算得出。若在模型空间打印时，将打印栅格界限定义的整个图形区域。"范围"则是当前空间内的所有几何图形都将被打印。"显示"是打印模型空间当前视口中的视图或布局空间当前图纸空间视图中的视图。"窗口"是指定要打印的图形部分,指定要打印区域的两个角点时,"窗口"才可用。

(5) 打印偏移:指定打印区域相对于可打印区域左下角或图纸边界的偏移。通过在 X 偏移和 Y 偏移框中输入正值或负值,来偏移图纸上的几何图形。图纸中的绘图仪单位在公制单位文件中为毫米。

(6) 居中打印:自动计算 X 偏移和 Y 偏移值,在图纸上居中打印。

(7) 布满图纸:缩放打印图形以布满所选图纸尺寸。

(8) 比例:定义打印的精确比例。"自定义"可定义用户自己需要的比例。可以通过下面的"? 毫米=? 单位"来设置自定义比例,它表示图纸上的多少个毫米等于图形文件中的多少个单位。

(9) 打印样式表:设置、编辑打印样式表,或者创建新的打印样式表。

(10) 着色打印:指定图的打印方式,包括"按显示""线框""消隐"等方式。

(11) 质量:指定着色和渲染视口的打印分辨率。

(12) 打印选项:指定线宽、打印样式、透明度打印和对象的打印次序等选项。

(13) 图形方向:为支持纵向或横向的绘图仪指定图形在图纸上的打印方向。"纵向"指放置并打印图形,使图纸的短边位于图形页面的顶部。"横向"指放置并打印图形,使图纸的长边位于图形页面的顶部。"上下颠倒打印"指上下颠倒地放置并打印图形。

以上内容设置好之后,可以按【预览】检查打印效果是否满意。

9.1.4　打印设置

页面设置完成后,就可以打印出图了。可以通过选择菜单【文件】»【打印】,或输入命令"plot"等方式启动该命令,弹出如图 9-24 所示的"打印-模型"对话框。该对话框中页面设置的【名称】可以选择一个已设置好的页面设置。在【打印机/绘图仪】区域中的【打印到文件】可以将要打印的图形输出为一个文件。该对话框中的其他大部分设置与"页面设置"相同,这里不再重复。

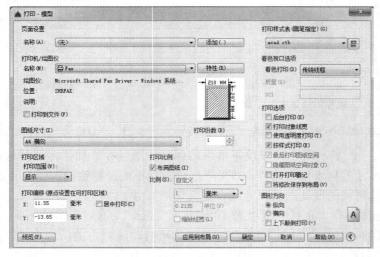

图 9-24　"打印-模型"对话框

9.1.5　不同空间绘图与打印步骤

用户在进行设计与绘图时,在模型空间通常只考虑设计内容,按 1∶1 的比例绘制图形,而不用考虑图纸大小、比例及缩放等问题。只有切换到布局空间后,才考虑图形在图纸上的布局位置、大小、比例及是否添加辅助视图等。所以在两种空间出图方式会有些差异。

现结合绘图过程以打印如图 9-25 所示的建筑平面图为例来说明其操作过程。出图要求:打印在 A4(297×210)的标准图纸上,经过计算,图形比例为 1∶100 比较合适。

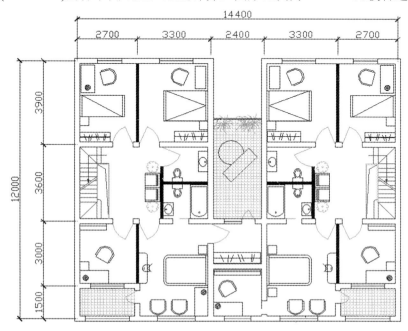

图 9-25　绘图与打印步骤示例

1. 模型空间绘图与打印步骤

在模型空间中绘图与打印有两种方法,一是先画后缩放,再打印出图;二是先画不缩放,再打印出图。下面将以这个例子分别进行说明。

(1) 先画再缩小 100 倍,最后以 1∶1 的比例出图。其步骤如下:

① 首先按物体的真实尺寸绘制,如建筑平面图中,3000 毫米就绘制 3000 个单位。

② 绘制完所有图形实体后,用【比例缩放】命令(scale),将所有图形实体缩小 100 倍。

③ 利用【插入块】命令(insert),将已画好图框、标题栏的图幅文件如"TUA4"插入到当前图形中,插入比例为 1∶1。

④ 利用【移动】命令(move),调整图框和图形实体的位置关系。

⑤ 启动尺寸标注样式,在【主单位】选项卡,将【比例因子】的值设为 100,并保存该尺寸的标注样式,然后标注尺寸。

⑥ 利用【文字样式】命令,设置各字体样式的标准字高,然后标注文字。

⑦ 打开"页面设置"对话框,选中图纸尺寸(A4)和单位(毫米"mm"),打印比例(出图比例)保持为 1∶1。

⑧ 启动【打印】命令输出图纸。

(2) 先画不缩小，最后以 1∶100 的比例出图。其步骤如下：

① 首先按物体的真实尺寸绘制，如在建筑平面图中，3000 毫米就绘制 3000 个单位。

② 绘制完所有图形实体后，利用【插入块】命令(insert)，将已画好图框、标题栏的图幅文件"TUA4"插入到当前图形中，插入比例为 100∶1，即放大 100 倍。

③ 利用【移动】命令(move)，调整图框和图形实体的位置关系。

④ 启动尺寸标注样式，在【调整】选项卡将【全局比例因子】的值设为 100，并保存该尺寸的标注样式，然后标注尺寸。

⑤ 利用【文字样式】命令，设置各字体样式的字高为标准字高的 100 倍，然后标注文字。

⑥ 打开"页面设置"对话框，选中图纸尺寸(A4)和单位(毫米"mm")，打印比例(出图比例)设为 1∶100。

⑦ 启动【打印】命令输出图纸。

2. 布局空间绘图与打印步骤

图 9-25 的建筑平面图，在布局空间中的绘图、打印步骤如下：

(1) 首先按物体的真实尺寸绘制，如在建筑平面图中，3000 毫米就绘制 3000 个单位。

(2) 单击【布局标签】，进入布局空间，并在一个缺省视口中显示当前图形。

(3) 在【布局标签】上按右键，打开"页面设置"对话框，选中图纸尺寸(A4)和单位(毫米)。

(4) 使用【删除】命令删除已有的视口边界。

(5) 使用【图层】命令新建名为"图框"和"视口边界"的两个图层。

(6) 设【图框】为当前图层，使用【插入块命令】(insert)，将将已画好图框、标题栏的图幅文件"TUA4"插入到当前图形中。

(7) 利用【文字样式】命令，设置各字体样式的标准字高，然后填写文字。

(8) 设置【视口边界】为当前图层，使用【多边形视口】命令沿图框的外框绘制新视口对象。

(9) 在新视口边界内双击，进入当前布局的模型空间，将【视口缩放比例】设为 1∶100，用【移动】命令调整图形位置。

(10) 启动【打印】命令，打印比例(出图比例)保持为 1∶1。

9.2 创建三维模型

传统的工程制图一般都是用二维图形来表达的，但二维图形缺乏真实感，直观性差，要求读图者具有较强的空间想象力，从而给工程施工带来一定的难度。现代工程制图已经引入了三维图形，它直观性强，真实感好，能清楚地表达各形体的形状和位置关系。AutoCAD 不但具有强大的二维绘图能力，还具有较强的三维绘图能力，能进行三维建模、渲染和简单动画制作。

本书对三维模型的创建方法只做简要介绍。

9.2.1 三维绘图简介

本节主要认识三维模型的类型，学会怎样设置三维视图、怎样改变三维图形的显示，掌握如何建立用户坐标系。

在 AutoCAD 中，三维模型分成以下三种：

(1) 线框模型。线框模型是一种轮廓模型，由三维的点、直线和曲线组成，如轴测图，如图 9-26(a)所示。

(2) 表面模型。表面模型是一种由若干三维平面、曲面、网格面组成的模型，它具有面的特征，如图 9-26(b)所示。

(3) 实体模型。实体模型是一种具有立体特征的模型，它有体积、重心、惯性矩等实体特征。实体模型是最完整的三维模型，包含了大量的信息，能查询模型的体积、质量和质心等信息，能进行消隐和渲染处理，还能进行布尔运算，如图 9-26(c)所示。

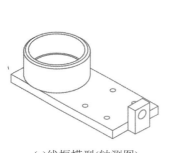 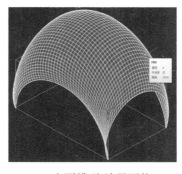 

(a)线框模型(轴测图)　　　　(b) 表面模型(边界网格)　　　　(c) 实体模型(实体造型)

图 9-26　三维模型

9.2.2 三维建模基本操作

1. 进入三维建模界面

三维建模界面如图 9-27、图 9-28 和图 9-29 所示。

图 9-27　三维建模基本界面

图 9-28　三维建模界面

(a)基本体三维建模

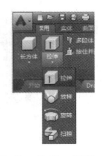
(b) 拉伸、放样、旋转、扫掠

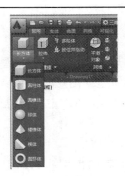
(c) 实体编辑

图 9-29　几个三维建模模块

下拉菜单中的三维建模操作如图 9-30 所示。

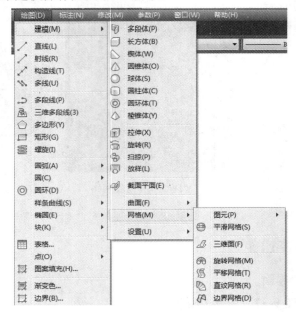

图 9-30　三维建模下拉菜单

三维建模操作常用工具条如图 9-31 所示。

图 9-31　三维建模操作常用工具条

2. 操作步骤与相关说明

下面以拉伸操作为例介绍三维建模的操作步骤与相关说明。

(1) 启动命令。

(2) 选择要拉伸的对象：选择若干个二维图形。

(3) 指定拉伸的高度或 [方向(D)/路径(P)/倾斜角(T)] <1000.0000>：

① 指定拉伸高度：此处默认拉伸方向为 Z 轴，只需要指定拉伸的高度。当高度为正时，则沿着 Z 轴正方向拉伸对象；反之为负，则沿着 Z 轴负方向拉伸对象。

② 方向：通过指定方向的起点、端点来确定拉伸方向。

③ 路径：通过指定拉伸路径，被拉伸对象(也就是所谓的"轮廓")会沿着路径拉伸，如图 9-32 所示。

其他如图 9-33 所示的放样示例、图 9-34 所示的旋转示例、图 9-35 所示的扫掠示例三维造型，其操作步骤在此省略。

图 9-32　拉伸路径示例

图 9-33　放样示例

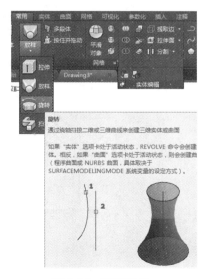

图 9-34　旋转示例

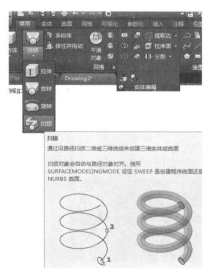

图 9-35　扫掠示例

9.3　自学功能简介

自学功能简介界面如图 9-36 所示。

图 9-36　自学功能简介界面

该界面中的三大块内容分别介绍如下。

界面左边内容：在快速入门中单击【开始绘图】，即可进入绘图空间。选择下面需要打开的标签，例如单击【了解样例图形】标签，如图 9-37(a)所示，可以获取所需的样例图形材料，如图 9-37(b)所示。

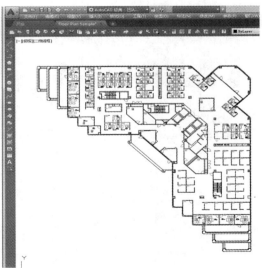

(a)　点击【了解样例图形】标签　　　　　　　(b)　样例图形材料

图 9-37　了解样例

界面中间内容：是最近使用的文档记录。

界面右边内容：标题为"通知"及"连接"，前者是提醒操作者注意当前操作模式是否需要改变；后者是登录上网与 AUTODESK 公司取得联系，如图 9-38 所示。

图 9-38　连接 AUTODESK

单击界面最下面的【了解】按钮，获取如图 9-39 所示的自学界面，这里提供了大量的有效的多媒体自学材料，读者值得尝试一下，但必须在连网的状态下使用。

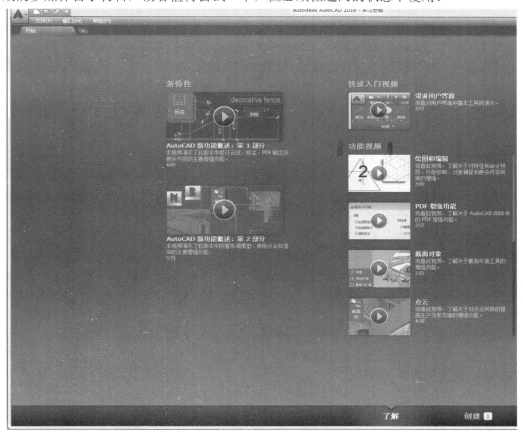

图 9-39　多媒体自学库

第 10 章　天正建筑(TArch)2013 版

北京天正工程软件有限公司自 1994 年开始，就在 AutoCAD 图形平台成功开发了一系列建筑、暖通、电气等专业软件，是 AUTODESK 公司在中国大陆的第一批注册开发商。

天正公司的建筑 CAD 软件在全国范围内取得了极大的成功，我国建筑设计单位几乎都在使用天正建筑软件。可以说，天正建筑 CAD 软件已经成为国内建筑 CAD 的行业规范，随着天正建筑软件的广泛应用，它的图档格式已经成为各设计单位与建设单位之间进行图形信息交流的基础。

随着 AutoCAD 2000 以上版本平台的推出和普及以及新一代自定义对象化的 ObjectARX 开发技术的发展，天正公司在经过多年刻苦钻研后，在 2001 年推出了从界面到核心面目全新的 TArch5 系列，采用二维图形描述与三维空间表现一体化的先进技术，从方案到施工图全程体现建筑设计的特点，在建筑 CAD 技术上掀起了一场革命。天正操作输入一律使用汉语拼音命令使绘图更快捷方面。

10.1　天正建筑插件简介

天正建筑 2013 版是二维三维一体化的建筑设计软件，因为是利用 AutoCAD 平台开发及使用的，所以也叫"天正建筑插件"，简称 "天正建筑"。天正建筑继续以先进的建筑对象概念服务于建筑施工图设计，成为国内建筑 CAD 的首选软件。同时，天正建筑对象创建的建筑模型已经成为天正给排水、暖通、电气等系列软件的数据来源，很多三维渲染图也基于天正三维模型制作而成。

天正软件—建筑系统 TArch 2013 试用版有 32 位和 64 位两个版本：32 位 build120928 版支持 32 位 AutoCAD 2004-2013 平台；64 位 build120928 版支持 64 位 AutoCAD 2010-2013 平台。

天正建筑插件 2013 版的改进之处主要有：

(1) 改进墙柱连接位置的相交处理和墙体线图案填充及保温的显示；改进墙体分段、幕墙转换、修墙角等相关功能。

(2) 门窗系统改进：新增智能插门窗、拾取图中已有门窗参数的功能；同编号门窗支持部分批量修改；优化凸窗对象；改进门窗自动编号规则和门窗检查命令；解决门窗打印问题。

(3) 完善天正注释系统：按新国标修改弧长标注；支持尺寸文字带引线和布局空间标注；新增楼梯标注、尺寸等距等功能；轴号文字增加隐藏特性；增加批量标注坐标、标高对齐等功能；新增云线、引线平行的引出标注、非正交剖切符号的绘制等。

10.2　天正建筑 2013 界面介绍

天正建筑 2013 的图标为 ![天正建筑2013]。

天正建筑软件在 AutoCAD 界面上有一个特别重要的插件，就是我们所说的"天正屏幕菜单"，它囊括了天正设计所有核心内容，图 10-1 左侧是天正屏幕菜单；从图 10-2 中可见天正绘图"实时助手"快捷菜单，屏幕菜单中的工具与功能均可以转换为天正常用工具条。

天正快捷工具条如图 10-3 所示。按下键盘上的 Ctrl 键，再按下 ⌶ 键可以调出或消除天正屏幕菜单。

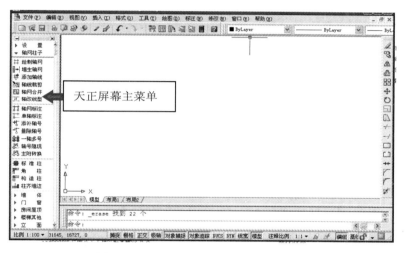

图 10-1　天正绘图空间及屏幕菜单

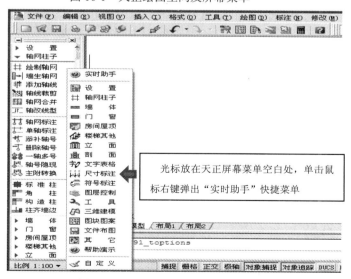

图 10-2　天正绘图空间快捷键的调出

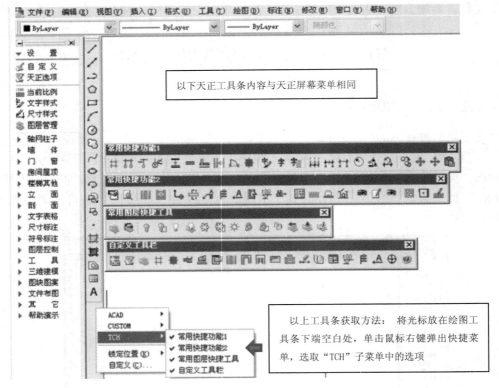

图 10-3　天正快捷工具条的调出

10.3　轴网的概念

　　轴网是由两组到多组轴线与轴号、尺寸标注组成的平面网格，是建筑物单体平面布置和墙柱构件定位的依据。完整的轴网由轴线、轴号和尺寸标注三个相对独立的系统构成。本节介绍轴线系统和轴号系统，尺寸标注系统的编辑方法将在后面的章节中介绍。

10.3.1　轴线系统

　　考虑到轴线的操作比较灵活，为了使用时不至于给用户带来不必要的限制，轴网系统没有做成自定义对象，而是把位于轴线图层上的 AutoCAD 的基本图形对象，包括 LINE、ARC、CIRCLE 识别为轴线对象，天正软件默认轴线的图层是"DOTE"，用户可以通过设置菜单中的【图层管理】命令修改默认的图层标准。

　　轴线默认使用的线型是细实线，为了在绘图过程中方便捕捉，用户在出图前应该用【轴改线型】命令将其改为规范要求的点画线。

1. 轴号系统

　　轴号是内部带有比例的自定义专业对象，是按照《房屋建筑制图统一标准》(GB/T50001—2001)的规定编制的，它默认是在轴线两端成对出现，可以通过对象编辑单独控制个别轴号与其某一端的显示，轴号的大小与编号方式符合现行制图规范要求，保证出图后图号圈直径是 8 mm，而且不出现规范规定不得用于轴号的字母，如 I、O、Z。轴号对象预设有用于编辑的夹点，夹点可以用于轴号偏移、改变引线长度、轴号横向移动等。

2. 尺寸标注系统

尺寸标注系统由自定义尺寸标注对象构成，在标注轴网时自动生成于轴标图层 AXIS 上，除了图层不同外，与其他命令的尺寸标注没有区别。

10.3.2　直线轴网

1. 创建绘制轴网

直线轴网功能用于生成正交轴网、斜交轴网或单向轴网，由【绘制轴网】菜单中的【直线轴网】选择执行，如图 10-4 所示。

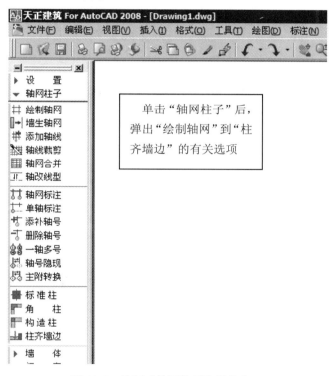

图 10-4　绘制"轴网柱子"操作之一

1) 【绘制轴网】

单击【轴网柱子】»【绘制轴网】，弹出"绘制轴网"对话框，单击【直线轴网】选择卡，可输入轴间距，如图 10-5(a)所示。

2) 输入轴网数据的方法

(1) 直接在【键入】栏内键入轴网数据，每个数据之间用空格键隔开，输入完毕后回车生效。

(2) 键入【轴间距】和【个数】，常用值可直接点取右方数据栏或下拉列表的预设数据，如图 10-5(b)所示。

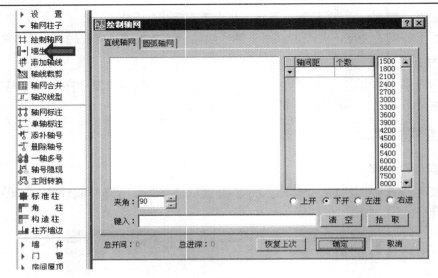

(a) 直线轴网

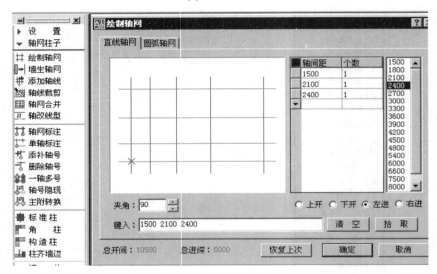

(b) 轴间距、个数

图 10-5 "绘制轴网"对话框

3) "绘制轴网"对话框控件说明

(1) 上开：在轴网上方进行轴网标注的房间开间尺寸；

(2) 下开：在轴网下方进行轴网标注的房间开间尺寸；

(3) 左进：在轴网左侧进行轴网标注的房间进深尺寸；

(4) 右进：在轴网右侧进行轴网标注的房间进深尺寸；

(5) 清空：把某一组开间或者某一组进深数据栏清空，保留其他组的数据；

(6) 恢复上次：把上次绘制直线轴网的参数恢复到对话框中；

(7) 确定：单击后开始绘制直线轴网并保存数据；

(8) 取消：取消绘制轴网并放弃输入数据。

右击【轴间距】下面的电子表格中的首行按钮，可以执行新建、插入、删除与复制数据行的操作，如图 10-6 所示。

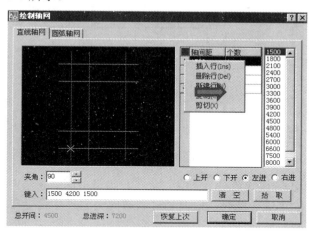

图 10-6　执行新建、插入、删除与复制数据行的操作

4) 交互直线轴网命令

在"绘制轴网"对话框中输入所有尺寸数据后，单击【确定】按钮，命令行会显示"点取位置或[转 90 度(A)/左右翻(S)/上下翻(D)/对齐(F)/改转角(R)/改基点(T)]<退出>："，此时可拖动基点插入轴网，直接点取轴网目标位置或按选项提示回应，如图 10-7 所示。

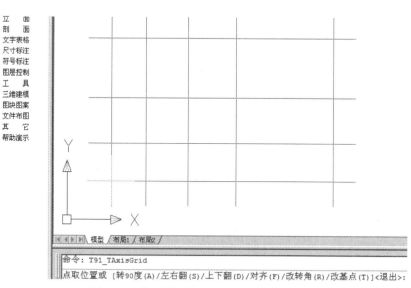

图 10-7　从"绘制轴网"对话框中获取轴网

2. 轴网标注

单击主菜单中的【轴网标注】选项，弹出"轴网标注"对话框，进入轴网标注阶段。在此对话框中填入相关选项，比如在"起始轴号"栏中填入"1"并选择双侧标注等，如图 10-8 所示。

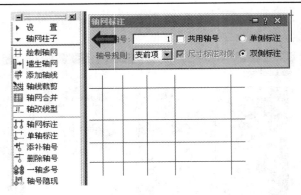

图 10-8　轴网标注操作之一

　　完成如图 10-8 所示的模式之后，一般先从左开始单击第一条竖向轴线，再单击最后一条竖向轴线，然后按回车键。此时，横向轴号和横向两道尺寸就会自动标出。同样，从下向上，单击最下一条横向轴线，再单击最上一条横向轴线，此时，竖向轴号和竖向两道尺寸就会自动标出。但要注意在"轴网标注"对话框中的【起始轴线】栏中填入"A"，如图 10-9 所示。

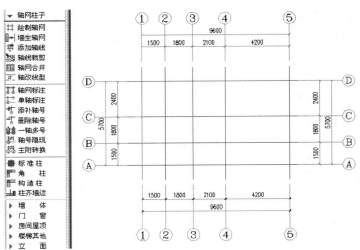

图 10-9　轴网标注操作之二

10.4　平面图的结构件设计

　　柱子在建筑设计中主要起到结构支撑的作用，但有时候也用于纯粹的装饰。

10.4.1　天正柱子创建的形式

1. 标准柱

　　在轴线的交点或任何位置插入矩形柱、圆柱或正多边形柱，后者包括常用的三、五、六、八、十二边形断面，插入柱子的基准方向总是沿着当前坐标系的方向，如果当前坐标系是 UCS，则柱子的基准方向自动按 UCS 的 X 轴方向，不必另行设置。创建标准柱的过程如图 10-10 所示。

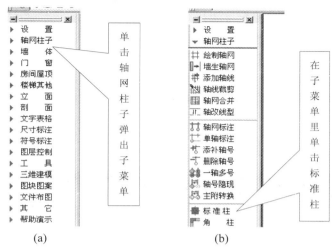

图 10-10　创建标准柱的过程

2. 标准柱参数

"标准柱"对话框如图 10-11 所示，对话框中的有关参数说明如下：

(1) 柱子尺寸：出现的参数项由柱子形状的不同而定。

(2) 偏心转角：在矩形轴网中以 X 轴为基准，在弧形和圆形轴网中以环向弧线为基准线，逆时针为正，顺时针为负，自动设置。

(3) 材料：在材料选项框右侧的下拉菜单中合理选取，默认材料为钢筋混凝土。

(4) 形状：在形状选项框右侧的下拉菜单中合理选取，还可以自行设计，参见图 10-11。

图 10-11　"标准柱"对话框

(5) 标准构件库：从"天正构件库"对话框中获取预定义柱的尺寸和样式，如图 10-12 所示。

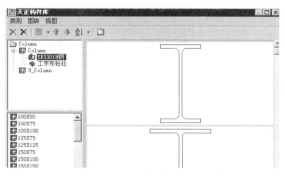

图 10-12　"天正构件库"对话框

3. 角柱(JZ)

在墙角插入轴线与形状与墙一致的角柱，可改各肢长度以及各分肢的宽度，宽度默认为居中，高度为当前层高。生成的角柱与标准柱类似，每一边都有可调整长度和宽度的夹点，可以方便地按要求修改。

单击【轴网柱子】»【角柱】»【转角柱参数】，弹出"转角柱参数"对话框，如图10-13 所示。在该对话框中，材料不同所显示的方式不同，例如转角柱—角柱插入后，夹点可以改变。有关参数输入完毕，单击【确定】按钮，所选角柱即插入图中。

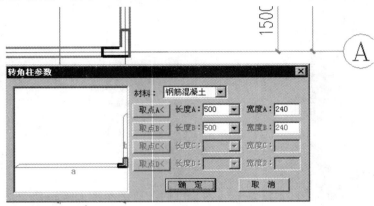

图 10-13　"转角柱参数"对话框

天正软件将墙分成若干类，如一般墙、虚墙、卫生墙、矮墙、幕墙等。

10.4.2　天正墙体设计

天正墙体设计步骤如下：

(1) 根据尺寸先绘制好轴网，如图 10-14 所示。

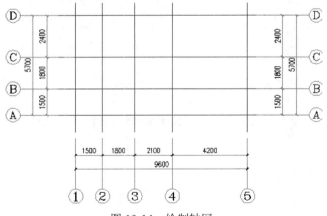

图 10-14　绘制轴网

(2) 在主菜单中找到【墙　体】选项，随之展开其有关墙体的子菜单，如图 10-15 所示。再单击【绘制墙体】选项，随即弹出"绘制墙体"对话框，如图 10-16 所示。在弹出的"绘制墙体"对话框中输入墙体的高度 3000，墙体左右宽度均为 120。

图 10-15   选择【墙体】选项   图 10-16   【绘制墙体】对话框

(3) 根据设计好的轴网绘制主墙体。主墙体绘制完成后就可以绘制隔墙了，设置好隔墙的尺寸就可以在需要绘制隔墙的轴网绘制墙体了，如图 10-17 所示。

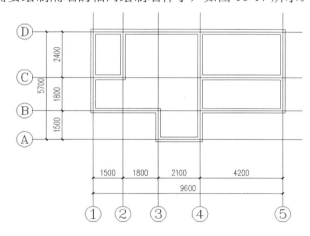

图 10-17   绘制墙体

(4) 如果要看看墙体的实际情况，则可以切换到三维模型空间：在图上单击鼠标右键，在弹出的快捷菜单中选择【视图设置】»【西南轴测】，如图 10-18 所示。之后就会显示墙体的三维模型了，如图 10-19 所示。

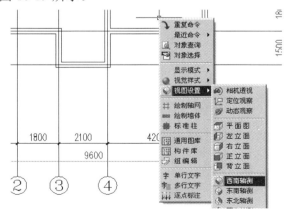

图 10-18   绘制的墙体实现三维模型操作

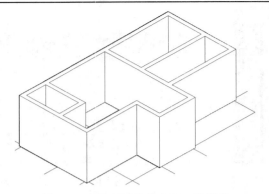

图 10-19　绘制的墙体实现三维模型

10.4.3　天正门窗设计

天正门窗设计步骤如下：

(1) 完成墙体后即可添加门窗。选择主菜单中的【门窗】»【门窗】，在弹出的门窗设置栏中，可以进行门窗属性和样式的选择，如图 10-20 所示。

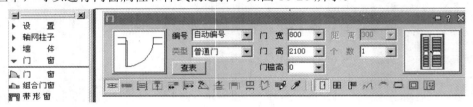

图 10-20　门窗设置栏

设置好门窗的数据，将鼠标移动到墙线上，系统就会自动出现绘制提示，来帮助我们确定门窗的添加位置。确定位置后，单击鼠标即可添加门窗，如图 10-21 所示。

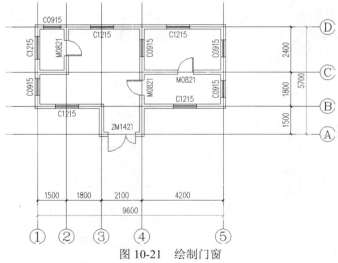

图 10-21　绘制门窗

(2) 门窗的添加方式相同，门窗全部为一种颜色的线条，此时，门和窗属于分离状态，分别拥有各自的标注，接下来可以将其组合。在天正主菜单中，选择【门窗】»【组合门窗】

选项，进行门窗的组合，系统会弹出相应的操作提示，用户根据提示进行相应操作即可。

组合门窗可以由多个门窗进行组合，组合后的门窗只能进行统一编辑，无法对其中的个体进行独立编辑，多数组合门窗由一窗一门或者两窗一门组成。

(3) 天正门窗主菜单里还有二级分类。关于绘制门窗的细节读者可自行探讨。

10.4.4　楼梯及室外设施绘制

室内设施主要包括楼梯和电梯。室外设施包括阳台、台阶、坡道等天正自定义的构件对象，它们基于墙体生成，同时具有二维与三维特征，并提供了夹点编辑功能。

1. 楼梯绘制

(1) 准备好需要放置楼梯的图样。此案例 3—4 轴线与 A—C 轴线之间为绘制楼梯的位置，如图 10-22 所示。

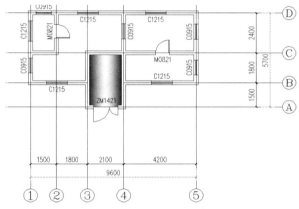

图 10-22　确定绘制楼梯位置

(2) 在天正主菜单中选择【楼梯其他】»【双跑楼梯】，在弹出的对话框中设置好楼层高度、楼梯间净宽、平台宽度、梯井宽度等数据。

注意："双跑楼梯"对话框与表示楼梯的图例会同时弹出。

(3) 设置完成后，放置楼梯图例，如图 10-23 所示。

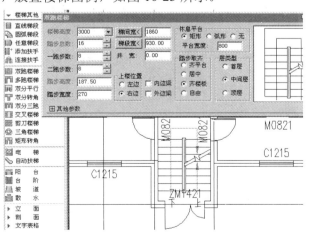

图 10-23　设置楼梯图例

(4) 在命令栏输入 "3d"，按回车键，使用鼠标拖动，看动态的 3D 图，看看楼梯是否满足要求，否则修正，如图 10-24 所示。

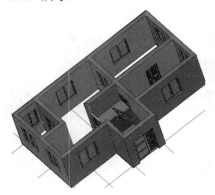

图 10-24　双跑楼梯 3D 图

从天正主菜单可以看到，有关楼梯的设计类型繁多，读者可自行探讨。

2. 阳台绘制

(1) 先进行墙线的绘制，然后就可以进行阳台的绘制了。

在天正主菜单中选择【楼梯其他】，在弹出的二级分类中，多数是绘制不同楼梯样式的命令。选择【楼梯其他】»【阳台】命令后，系统会出现提示，并弹出阳台的相应设置窗口，在其中完成阳台的数据输入后，即可将鼠标移动到绘图面板。

(2) 系统会提示我们选择阳台的起点。选择需要设立阳台的地方，单击墙线进行起点的确定，确定起点后，CAD 就会自动出现提示性线条，帮助用户确定阳台的位置和样式。

移动鼠标即可拉伸调整阳台的大小。调整到合适的位置后，单击鼠标确定终点，系统就会自动输出阳台，阳台的线条和墙线类似，属于双线条，但比墙线细很多。

(3) 阳台的线条是紫色线条，和墙线属于不同的图层，以方便用户进行区分。阳台一般在一层以上的平面图中绘制，因此在标注图名时，要注意名称要在二层以上，如图 10-25 所示。

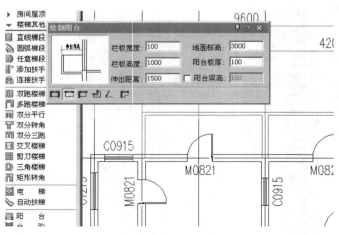

图 10-25　阳台参数设置对话框及插入阳台

(4) 在命令栏输入"3d"，按回车键，使用鼠标拖动，看动态的 3D 图，看阳台是否满足要求，否则修正，如图 10-26 所示。

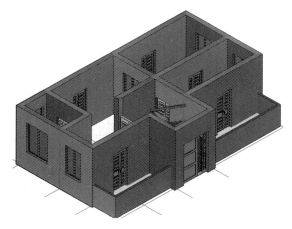

图 10-26　插入阳台 3D 图

10.4.5　屋顶的绘制

天正提供了多种屋顶造型功能，如人字坡顶、任意坡顶、矩形尾顶等。人字坡顶包括单坡屋顶和双坡屋顶，任意坡顶是指任意多段线围合而成的四坡屋顶，矩形屋顶包括歇山屋顶和攒尖屋顶。用户也可以利用三维造型工具自建其他形式的屋顶，如用平板对象和路径曲面对象相结合构造带有复杂檐口的平屋顶，利用路径曲面构建曲面屋顶(歇山屋顶)。天正建筑软件中的屋顶均为自定义对象，支持对象编辑、特性编辑和夹点编辑等编辑方式，可用于天正节能和天正日照模型。

在工程管理命令的"三维组合建筑模型"中，屋顶可作为单独的一层进行添加，楼层号为顶层的自然楼层号加 1，也可以在其下一层进行添加，此时主要适用于建模。

1．搜屋顶线

本命令搜索整栋建筑物的所有墙线，按外墙的外皮边界生成屋顶平面轮廓线。屋顶线在属性上为一个闭合的 PLINE 线，可以作为屋顶轮廓线，进一步绘制出屋顶的平面施工图，也可以用于构造其他楼层平面轮廓的辅助边界或用于外墙装饰线脚的路径。

2．操作过程

选择【房间屋顶】» 【搜屋顶线(SWDX)】，将默认偏移外墙外皮 600 改为 200，如图 10-27 命令行所示。

点取菜单命令后，命令行提示：

请选择构成一完整建筑物的所有墙体(或门窗)：

应选择组成同一个建筑物的所有墙体，以便系统自动搜索出建筑外轮廓线。按回车键结束选择。

偏移外皮距离<600>：

输入屋顶的出檐长度或按回车键接受默认值。

此时系统自动生成屋顶线，在个别情况下屋顶线有可能自动搜索失败，用户可沿外墙外皮绘制一条封闭的多段线(PLINE)，然后再用 Offset 命令偏移出一个屋檐挑出长度，以后可把它当作屋顶线进行操作，如图 10-27 所示。注意：此图左前、右前均附加了临时的虚墙，目的是获取一个完整的矩形屋面。

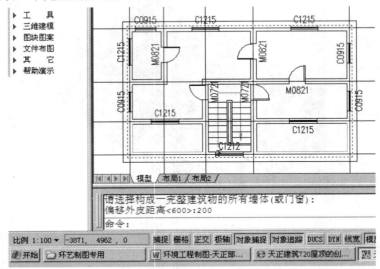

图 10-27　搜索整栋建筑物的所有墙线

10.4.6　人字坡顶

1. 选取主菜单中的【人字坡顶】，命令行弹出：

选择一封闭的多段线<退出>：＊ 取消 ＊

选取闭合的多段线之后，命令行弹出：

输入屋脊线的起点<退出>：*取消*

取设计指定的屋脊线。考虑要设计成平屋顶，所以选择 a、b 屋檐线为"屋脊"，如图 10-28 所示。

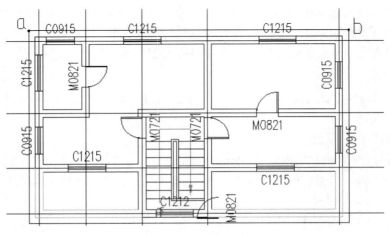

图 10-28　选取屋脊线

以闭合的 PLINE 为屋顶边界生成人字坡屋顶(见图 10-29(a))和单坡屋顶。两侧坡面的坡度可具有不同的坡角，可指定屋脊位置与标高，屋脊线可随意指定和调整，因此两侧坡面可具有不同的底标高，除了使用角度设置坡顶的坡角外，还可以通过限定坡顶高度的方式自动求算坡角。此时创建的屋面具有相同的底标高。

若在此制作平屋顶，就将"人字坡顶"对话框中的【左坡角】、【右坡角】设为 0，如图 10-29(b)所示。

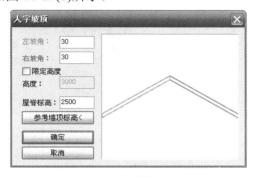

(a)　人字屋顶　　　　　　　　　　　　　　　　(b)　平屋顶

图 10-29　"人字坡顶"对话框

参数输入后单击【确定】按钮，随即创建人字坡顶。以下是其中参数的设置规则：

如图 10-29 所示，如果已知屋顶高度，则勾选【限定高度】，然后输入高度值，或者输入已知坡角，输入屋脊标高(或者单击【参考墙顶标高<】进入图形中选取墙)，单击【确定】按钮绘制坡顶。屋顶可以带下层墙体在该层创建，此时可以通过【墙齐屋顶】命令改变山墙立面对齐屋顶，也可以独立在屋顶楼层创建，以三维组合命令合并为整体三维模型。

2. 操作注意事项

(1) 勾选【限定高度】后，可以按设计的屋顶高创建对称的人字坡顶，此时如果拖动屋脊线，屋顶依然维持坡顶标高和檐板边界范围，但两坡不再对称，屋顶高度不再有意义。

(2) 屋顶对象在特性栏中提供了檐板厚参数，用户可修改，该参数的变化不影响屋脊标高。

(3) 坡顶高度是以檐口起算的，屋脊线不居中时坡顶高度没有意义。

3. "人字坡顶"对话框控件说明

(1) 左坡角/右坡角：在各栏中分别输入坡角，无论脊线是否居中，默认左右坡角都是相等的；

(2) 限定高度：勾选限定高度复选框，用高度而非坡角定义屋顶，脊线不居中时左右坡角不等；

(3) 高度：勾选限定高度后，在此输入坡屋顶高度；

(4) 屋脊标高：起算的屋脊高度；

(5) 参考墙顶标高：选取相关墙对象可以沿高度方向移动坡顶，使屋顶与墙顶关联；

(6) 图像区域：在其中显示屋顶的三维预览图，拖动光标可旋转屋顶，支持滚轮缩放、中键平移。

人字坡顶的各边和屋脊都可以通过拖动夹点修改其位置，双击【屋顶对象】进入"人字坡顶"对话框即可修改屋面坡度。如图 10-30 所示为将人字坡顶改为平屋顶的效果。

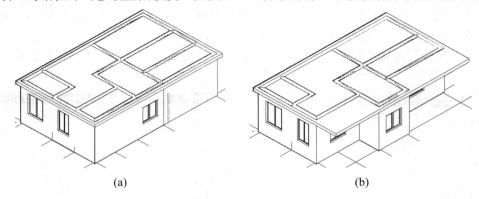

        (a)   (b)

图 10-30   将人字坡顶改为平屋顶的效果图

10.4.7 任意坡顶

任意坡顶由封闭的任意形状 PLINE 线生成指定坡度的坡形屋顶。可采用对象编辑单独修改每个边坡的坡度，可支持布尔运算，而且可以被其他闭合对象剪裁。

选择【房间屋顶】»【任意坡顶(RYPD)】单击菜单命令后，命令行提示：

    选择一封闭的多段线<退出> »(点取屋顶线。)

    请输入坡度角<30> »(输入屋顶坡度角)

    出檐长<600.000>：(如果屋顶有出檐,输入与搜屋顶线时输入的对应偏移距离,用于确定标高。)

随即生成等坡度的四坡屋顶，可通过夹点和对话框方式进行修改，如图 10-31 所示。

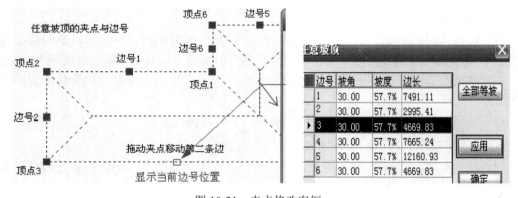

图 10-31   夹点修改案例

10.5 立面图与平面图设计

如图 10-32 所示，天正主菜单下的【立面】二级菜单中，单击【建筑立面】菜单，将提供【单层立面】和【构件立面】两个选项，可以用平面图生成立面图，两个命令的使用的功能各有侧重。

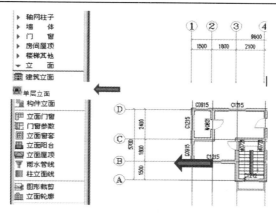

图 10-32　主菜单中的立面图信息

10.5.1　单层立面

【单层立面】命令可以用单层平面图生成对应的单层立面图。

生成立面图之前，要先打开标准层平面图图形，识别内外墙。

单击【单层立面】按钮，命令行提示：

请输入立面方向或 {正立面[F]/背立面[B]/左立面[L]/右立面[R]}<退出>：

键入 B 选择背立面。

请选择要生成立面的建筑构件：选择背面一侧的构件。

请选择要生成立面的建筑构件：回车结束选择

请选择要出现在立面图上的轴线：选取平面图两侧的轴线(选择平面图两侧的轴线)

请点取放置位置：在一个空白区域左下角单击，则插入一个按照所给平面图生成的单层背立面图，如图 10-33 所示。

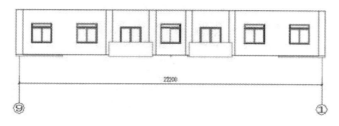

图 10-33　生成单层背立面图

　　如果所设计的建筑物各楼层构造基本相同，就可以用一个标准层为原形，通过 AutoCAD 的【复制】或【阵列】命令，竖向排列成一座多层楼房的立面图，然后进行局部修改。如果建筑物中的一些楼层与另一些楼层的差别较大，则可以分别制作几个标准层立面图，按照需要组合成整体的建筑多层立面图。

10.5.2　构件立面

【构建立面】命令用于生成某些局部构件的立面图，如门窗、阳台、楼梯等。类似于单层立面，构建立面只是针对于局部构件生成立面图。本命令既可以用来实现单个构件的立面也可以用来实现单个标准层的立面，用于做单个标准层立面时，注意不要选择无关的物体，例如内墙和室内构件都不应选取，以便有足够快的响应速度。

单击【构件立面】按钮，命令行提示：

请输入立面方向或{正立面[F]/背立面[B]/左立面[L]/右立面[R]/顶视图[T]}<退出>:键入指定字母或打开正交开关后沿坐标轴方向点击第一点，指定第二点点击。

请选择要生成立面的建筑构件: 点击一个指定构件。

请选择要生成立面的建筑构件: 继续点取或回车结束选择。

请点击放置位置: 在相应位置点击则在图中会插入指定的构件立面图，同时天正构件库会提供许多标准构件，如各种型钢构件等。

10.5.3　建筑立面

天正主菜单里【立面】»【建筑立面】命令可以按照楼层表的组合数据，一次生成多层建筑立面。

生成立面图之前，要先识别各层的内外墙。

首先打开首层平面图，先用【墙体】»【墙体工具】»【识别内外】命令识别建筑内外墙，再单击【建筑立面】按钮，命令行提示：

请输入立面方向或 【正立面】[F]»背立【[B]】»【立面】[L]»右【立面】[R]}<退出>:

输入 F 选取。

请选择要出现在立面图上的轴线：

点取平面图的最左端轴线。

请选择要出现在立面图上的轴线：

再点取平面图的最右端轴线，回车后弹出"立面生成设置"对话框，在该对话框中设置各项参数，如图 10-34 所示。

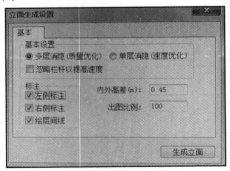

图 10-34　"立面生成设置"对话框

在生成立面之前，要先设置好楼层表。单击对话框中的【楼层表】按钮，系统弹出"楼层表"对话框，如果该对话框中没有内容，则需要设置。其中：第一列为各标准层对应的自然层层号，第二列为标准层图形文件名，第三列为标准层层高。表中每一行为一个标准层的楼层信息。

设置好"楼层表"对话框参数，则在【DWG 文件名】一栏出现"首层平面图"字样，在【层高】一栏列出平面图当前的层高值 3000。此层高值与相应平面图的当前层高值是一致的。单击 AutoCAD 的【工具】》【选项】下拉菜单，显示"选项"对话框，在【天正基本设定】选项卡中可以设置【当前层高】参数。用上述方法生成的立面图有时会存在一些问题，可用 AutoCAD 的命令修改在生成过程中多余或遗漏的图线。立面图的合成如图 10-35 所示。

图 10-35　立面图合成

10.6　剖面图的绘制

因为剖面图是从某一个位置剖开的，所以需要先确定一个剖切位置，参见图 10-36 首层平面图上标注的剖切位置 1—1。单击天正主菜单里的【剖面】》【建筑剖面】选项，在平面图上单击刚刚选择确定的剖切位置(剖切线)。注意：如果画了多条剖切线，选择自己需要的即可。命令行提示选择剖视图要出现的轴线。单击"剖面生成设置"对话框右下角的【生成剖面】，然后找到保存剖面图的位置，单击【保存】，这时候就生成了一个剖面图，如图 10-37 所示。生成的剖面图是不能够完全使用的，不少地方有问题，有的线条没有画出来，这一方面可能是剖面切线的位置的原因，一方面是可能是软件的因素，都需要用 AutoCAD 进行修改添加。

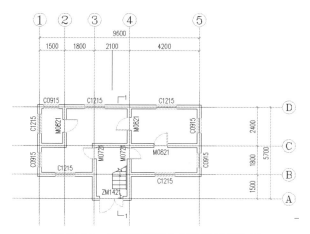

图 10-36　首层平面图上标注的剖切位置

因天正软件在输入平面图信息时，已经将建筑物的 3D 信息一并搜集，天正的二维图里包含着三维坐标尺寸，所以，天正形成 3D 效果图也就顺理成章了，如图 10-38 所示。

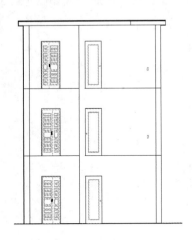

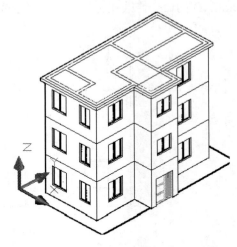

图 10-37　剖面图　　　　　　　　图 10-38　合成的 3D 效果图

第 11 章　　室内设计制图

11.1　室内设计制图常用规范

11.1.1　室内制图基本理论

室内设计是指根据建筑内部空间的使用性质和所处环境，运用技术及艺术手段，创造出功能合理、舒适美观，符合人的生理、心理要求，使使用者心情愉快，便于生活、工作和学习的理想场所。

室内设计平面图、立面图、侧立面图等图纸，基本上是正投影图，按平行投影的投影原理生成，正投影图可以表达物体的形状大小，不会产生变形。

室内设计制图一般分三个阶段，第一阶段是完成平面图、顶棚图、透视图的绘制；第二阶段是完善平面图、顶棚图、立面展开图、详图；第三阶段是完成家具图、灯具图、施工说明等。

在装饰设计中 1∶1 至 1∶20 的图比，一般用于节点大样中；1∶50 至 1∶100 的图比，一般用在平面图和顶棚图中；1∶10 至 1∶50 的图比，一般用在立面图中。

1.　图纸的编排次序

遵循总体在先，底层在先，上层在后；平面图在先，立面图随后，依据总图索引指示顺序编排；材料表、门窗表、灯具表等备注通常放在整套图纸的尾部。

各专业的施工图，应按图纸内容的主次关系系统地排列。例如，基本图在前，详图在后；总体图在前，局部图在后；主要部分在前，次要部分在后；布置图在前，构件图在后；先施工的图在前，后施工的图在后等。

整套室内装饰设计工程图纸的编排次序一般为：图纸目录、设计说明(或施工说明)、效果图、平面图、顶棚平面图、立面图、大样图等。如，住宅空间室内设计图纸目录编排顺序一般为：平面图、地面材质图、顶棚图、客厅立面图、餐厅立面图、卧室主立面图、儿童房图等。

2.　设计说明书和施工说明书

设计说明书是对设计方案的具体解决，通常应包括：方案的总体构思、装饰的风格、主要用材和技术措施等。装饰设计说明的表现形式，有单纯以文字表达的，也有用图文结合的形式表达的。

施工设计说明书是对装饰施工图的具体解说，用以说明施工图设计中未表明的部分以及设计对施工方法、质量的要求等。

3. 识图应注意的问题

识读施工图时，必须掌握正确的识读方法和步骤，具体步骤包括总体了解、顺序识读、前后对照、重点细读。

(1) 总体了解。先看目录、总平面图和施工总说明，以大致了解工程的概况，如工程设计单位、建设单位、周围环境、施工技术要求等；对照目录检查图纸是否齐全，采用了哪些标准图并准备齐全这些标准图；然后看建筑平、立、剖、面图，大体上想象一下建筑物的立体形象及内部布置。

(2) 顺序识读。总体了解建筑物的情况后，根据施工的先后顺序，从基础、墙体(或柱)、结构平面布置、建筑构造及装修的顺序，仔细阅读有关图纸。

(3) 前后对照。读图时，要注意平面图、剖面图对照着读，建筑施工图和结构施工图对照着读，土建施工图与设备施工图对照着读，做到对整个工程施工情况及技术要求心中有数。

(4) 重点细读。识读一张图纸时，应按由外向里看、由大到小看、由粗至细看、图样与说明交替看、有关图纸对照看的方法，重点看轴线及各种尺寸关系。

11.1.2　装饰设计常用图例

在使用制图图例时，应遵循以下几点规定：

(1) 图例线一般用细线表示，线形间隔要匀称、疏密适度。

(2) 在图例中表达同类材料的不同品种时，应在图中附加必要说明。

(3) 若因图形小，无法用图例表达时，可采用其他方式说明。

(4) 需要自编图例时，编制的方法可按已设定的比例，以简化的方式画出所示实物的轮廓线或剖面，必要时辅以文字说明，以避免与其他图例混淆。

以下是装饰制图中常用图例举例。

1. 图线的规范(相同图例相接时画法)

应根据图样的复杂程度和图纸比例按《房屋建筑制图统一标准》(GB/T50001—2001)中的规定使用。每个图样应根据复杂程度与比例大小，先确定线宽 b，线宽 b 通常为 0.18、0.25、0.35、0.5、0.7、1.0、1.4、2.0 mm。建筑装饰装修工程设计制图采用的各种图线应符合表 11-1 的规定。

表 11-1　图 线 规 范

名称	线型	线宽	用　　途
粗实线	——————	b	1. 平面图、顶棚图、立面图、详图中被剖切的主要建筑构件(包括构配件)的轮廓线； 2. 平、立、剖面图的剖切符号； 3. 室内立面的外轮廓线
中实线	——————	$0.5b$	1. 平面图、顶棚图、立面图、详图中被剖切的次要建筑构造(构配件)的轮廓线； 2. 立面图中主要构件的轮廓线
细实线	——————	$0.25b$	1. 平面图、顶棚图、立面图、详图中一般构件的图形线； 2. 尺寸线、图例线、索引符号、详图材料做法引出线等

续表

名称	线型	线宽	用 途
超细实线	——————————	0.15b	1. 平面图、顶棚图、立面图、详图中细部润饰线； 2. 平面图、顶棚图、立面图、详图中配景图线
中虚线	– – – – – – – – –	0.5b	平面图、天花图、立面图、详图中不可见的轮廓线、灯带等
细虚线	- - - - - - - - - -	0.25b	平面图、顶棚图、立面图、详图中不可见的一般构件图形线
细单点长划线	—·—·—·—·—·—	0.25b	中心线、对称线、定位轴线
折断线	——⌐_——	0.25b	不需要画全的断开界线

2．表示空间、物体的符号

通过文字、数字、字母、符号让图纸更清晰地表现和说明图纸内容。表 11-2 为图纸空间字母符号的说明，表 11-3 为图纸中标记符号的说明。

表 11-2 空间字母符号的说明

代 码	说 明	代 码	说 明
L	表示客厅	AW	铝制窗
D	表示餐厅	AD	铝制门
K	表示厨房	ADW	铝制门窗
BRm	表示卧室	WW	木制窗
Ba	表示浴室	WD	木制门
ELV	表示电梯	SW	不锈钢制窗
E.S	表示扶手电梯	SD	不锈钢制门

表 11-3 标记符号的说明

记 号	说 明	记 号	说 明
经理室	室名表示(文字记入方格内)	FL	地坪线
$\frac{4}{SW}$ ⊖	门窗号(如第 4 号) 门窗种类代码记入	C.H	表示天花板高度，如 CH=2500
$\frac{2}{—}$ ⊖	详图编号 被索引详图在本张图纸上	@	表示固定间隔或间距，如@=500
$\frac{2}{3}$ $\frac{2}{3}$	详图编号 被索引详图在本张图纸上	◇ADBC	表示地坪升降，如−100
◕	表示地坪升降，如−100	Ⓑ	立面图号，表示 B 向立面图
R	表示半径，如 R=400	φ	表示直径，如 φ=400

3. 建筑装饰材料图例

表 11-4 是比较常见的建筑材料。《建筑制图标准》只规定了常用建筑材料的图例画法，在制图中要根据比例在图纸上表达出材料的实际规格尺寸。需要注意同类材料不同品种使用同一图例时，应在图上说明或者把图例线画成不同的方向，如石材、木材、金属等。

表 11-4　建筑装饰材料图例

名称	图例		名称	图例	
钢筋混凝土			木泥砂浆		
砖墙			玻璃		
木造墙			夯土		
壁板			夹板		
木材			夹芯板		
瓷砖			石材		

4. 管线设备图例

在室内制图中，水电工程是隐蔽工程项目，需要在施工前设计好线路的走向和安装位置，并在图纸上绘制出来。常用的设备图例如表 11-5～表 11-7 所示。

表 11-5　建筑装饰设备端口的图例

名　称	图　例	名　称	图　例
圆形散流器		喷淋	
方形散流器		地面插座	
条型送风口		电视插座	
条型回风口		普通插座	
排气扇		可视对讲分机	
烟感		单相三极带开关防溅插座	
电话插座		单控单联翘板开关	
双控单联翘板开关		单控双联翘板开关	
双控双联翘板开关		单控三联翘板开关	

表 11-6　装饰设灯具的图例

名　称	图　例	名　称	图　例
壁灯		单管格栅灯	
筒灯		双管格栅灯	
射灯		三管格栅灯	
防水防尘灯		暗藏灯带	
吸顶灯		浴霸	
装饰花灯		方型日光灯	
轨道射灯		暗藏筒灯	

表 11-7　卫生间设备的图例

名　称	图　例	名　称	图　例
水盆		浴盆	
洗脸盆		淋浴房	
地漏		马桶	

5. 门窗及家具图例

门窗及家具图例见表 11-8、表 11-9。

室内空间的门窗种类很多，其开启方式和材料不同，图例表示也不一样。常见的门有单开门、单推门、双开门、旋转门、折叠门、推拉门等，窗的开启方式与门的开启方式一样。

家具是室内空间的主要组成部分，我们用正投影原理把家具的影子表示在图纸上。以住宅空间为例，客厅的家具主要由沙发、茶几、电视柜等组成。

表 11-8　门窗的图例

名　称	图　例	名　称	图　例
单开门		单推门	
双开门		两开窗	
双开 180° 自由门		三开窗	
旋转门		拉藏门	
折叠门		推拉门	

表 11-9　家具的图例

名　称	图　例	名　称	图　例
单人沙发		参桌椅子	
三人沙发		床	
茶几		高柜	
矮柜		衣柜	

11.2　室内家具设计

11.2.1　家具设计的基本知识

室内设计中家具包括住宅空间家居、办公空间家具、展览空间家具等，家具是人们日常生活中必不可少的用具，为学习、工作、休息、聚会等活动提供设备。家具的尺寸与人体的生理结构和人的行为有密切关系，根据人体工程学原理设计的家具，能满足人类生活各种行为的需要，降低人体的消耗来完成各种动作。我国成年人男性的平均高度为 1.67 米，女性的平均高度为 1.56 米，国家在 2015 年也发布了最完整的家具尺寸。

1. 室内家具及常用尺寸

在室内设计中，我们可以把家具分为沙发、桌类、柜类、椅类家具等。沙发的种类较多，一般分为单人沙发、双人沙发、三人沙发、四人沙发，在住宅空间和公共空间的会客及休息空间都离不开沙发，在设计构图形式上采用对称、非对称的自由式布置。沙发的常见尺寸如下(单位：cm)：

单人式：长度 80～95，深度 85～90；坐垫高 35～42；背高 70～90。

双人式：长度 126～150；深度 80～90。

三人式：长度 175～196；深度 80～90。

四人式：长度 232～252；深度 80～90。

2. 桌类家具尺寸

桌类家具在生活、学习、工作中必不可少。桌类家具按其使用功能，分为办公桌、接待桌、餐桌、茶桌、咖啡桌、会议桌、折叠桌等。其形状大多为方形、矩形、圆形、L 形等，制作材料一般为木、人造板、铁、路合金等材料。桌类的常见尺寸如下(单位：cm)：

(1) 书桌：书桌下缘离地至少 58；长度最少 90(150～180 最佳)。

① 固定式：深度 45～70(60 最佳)，高度 75。

② 活动式：深度 65～80，高度 75～78。

(2) 餐桌：高度 75～78(一般)，西式高度 68～72；一般方桌宽度 120，90，75；长方桌宽度 80，90，105，120；长度 150，165，180，210，240。

① 圆桌直径尺寸：二人 500 mm，三人 800 mm，四人 900 mm，五人 1100 mm，六人 1100～1250 mm，八人 1300 mm，十人 1500 mm，十二人 1800 mm。

② 方餐桌长宽尺寸：二人 700×850 mm，四人 1350×850 mm，八人 2250×850 mm。

3. 柜类家具尺寸

柜类家具可分为高体柜和低体柜，包括大衣柜、小衣柜、高脚学习柜、档案柜、酒柜、餐柜、吊柜、矮柜等。柜类家具造型比较简洁，实用性较强，柜内格局的设置十分讲究，与储存物品的大小有关。柜类的常见尺寸如下(单位：cm)：

衣橱：深度一般 60～65(推拉门 70)；衣橱门宽度 40～65。

矮柜：深度 35～45；柜门宽度 30～60。

电视柜：深度 45～60；高度 60～70。

书架：深度 25～40(每一格)；长度 60～120；下大上小型下方深度 35～45；高度 80～90。

活动未及顶高柜：深度 45；高度 180～200。

4．椅类家具尺寸

椅类家具是人们工作、学习、休息、就餐时不可少的家具，主要有餐椅、会议椅、躺椅等，材料为木椅、不锈钢椅、塑料椅等。椅类的常见尺寸如下(单位：cm)：

餐椅：高 450～500 mm。

酒吧凳：高 600～750 mm。

5．其他尺寸

除了上述的尺寸外，还有床、门、窗帘盒的尺寸(单位：cm)：

单人床：宽度 90，105，120；长度 180，186，200，210。

双人床：宽度 135，150，180；长度 180，186，200，210。

圆床：直径 186，212.5，242.4(常用)。

室内门：宽度 80～95(医院 120)；高度 190，200，210，220，240。

厕所、厨房门：宽度 80，90；高度 190，200，210。

窗帘盒：高度 12～18；深度单层布 12，双层布 16～18(实际尺寸)。

11.2.2　家具的绘制

本节主要讲述绘制几款家具，并制作成图块，作为素材可以在以后的平面布置中调用。

1．双人床的绘制

绘制如图 11-1 所示的双人床。

操作步骤：

(1) 绘制 1800 × 2000 的床，如图 11-2 所示。单击绘图工具栏中的【矩形】按钮，鼠标左键在绘图窗口中任意单击一点，再输入(@1800,2000)。

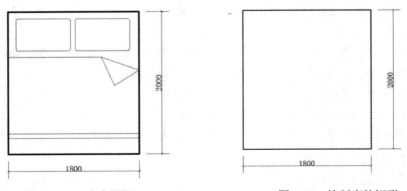

图 11-1　双人床图例　　　　　　　　　图 11-2　绘制床的矩形

(2) 绘制 450 × 750 的枕头。单击绘图工具中的【矩形】按钮，鼠标左键在床框上方位置单击一点，再输入(@750，450)绘制完一个矩形，如图 11-3 所示。单击修改工具中的【圆角】按钮，圆角 R 设为 50，再单击矩形。单击修改工具中的【复制】按钮，复制一个圆角矩形，如图 11-4 所示。

(3) 单击绘图工具中的【直线】按钮，打开对象捕捉(F3)，完成被单的绘制，如图 11-5 所示。

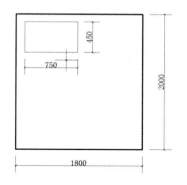

图 11-3 绘制枕头的矩形

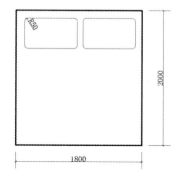

图 11-4 绘制枕头的圆角矩形

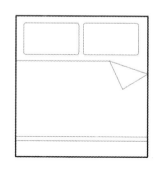

图 11-5 直线绘制被单

2. 餐桌的绘制

绘制如图 11-6 所示的圆形餐桌椅。

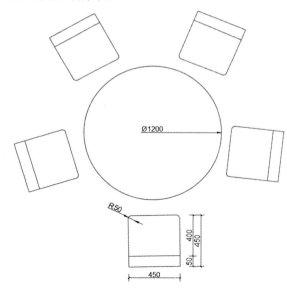

图 11-6 圆形餐桌椅的图例

操作步骤：

(1) 绘制直径为 1200 的圆桌，如图 11-7 所示。单击绘图工具中的【圆】按钮，输入半径 600。

(2) 绘制 450×450 的餐椅，如图 11-8 所示。单击绘图工具中的【矩形】按钮，输入 (@450,450)，完成矩形的绘制。单击修改工具中的【圆角】按钮，圆角半径设为 50，完成椅子的修改，如图 11-9 所示。绘制椅子靠背，单击修改工具中的【分解】，选择椅子矩形；单击修改工具中的【偏移】，偏移值设为 50，完成椅子靠背的绘制，如图 11-10 所示。

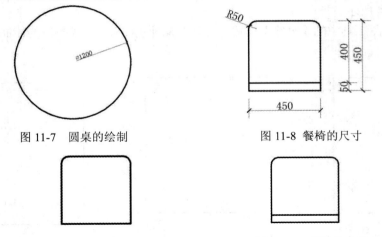

图 11-7　圆桌的绘制　　　　　　　　图 11-8　餐椅的尺寸

图 11-9　餐椅的矩形　　　　　　　图 11-10　餐椅的靠背

(3) 绘制剩下的 4 张椅子，如图 11-11 所示。单击修改菜单中的【阵列】，选择【环形阵列】，如图 11-12 所示。设置相应的参数：选择餐椅，设置圆桌的圆心为中心点，餐椅数量设为 5，设置餐椅旋转角度为 360 度，完成所有餐椅的绘制，如图 11-13 所示。

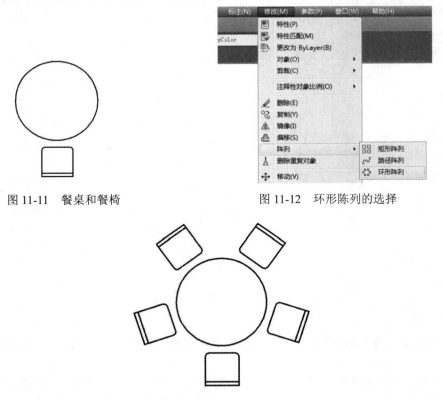

图 11-11　餐桌和餐椅　　　　　　图 11-12　环形陈列的选择

图 11-13　剩下餐椅的绘制

3. 家具图块素材的制作

把床和餐椅作为素材保存的方法，用的主要命令是图块。

操作步骤：

(1) 打开书本提供的"床和餐桌椅.dwg"文件，如图 11-14 所示。

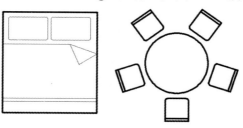

图 11-14　床、餐桌、椅子等素材

(2) 选择【绘图菜单】»【块】»【创建块】(命令行输入 B)，弹出"块定义"面板，如图 11-15 所示。在该面板下用鼠标左键单击【选择对象】，在绘图工作区选择双人床，按回车键，回到"块定义"面板。在面板下用鼠标左键单击【拾取点】，在绘图工作区用鼠标左键选择双人床的某一端点。在"块定义"面板的【名称】对图块进行命名，如图 11-16 所示。所有参数设置好后按【确定】按钮。

图 11-15　"块定义"面板

图 11-16　对图块进行命名

(3) 插入刚刚保存的"双人床"图块。单击【插入菜单块】，弹出"插入"面板，如图 11-17 所示。在该面板的名称下拉单里找到双人床，单击【确定】按钮，完成双人床图例的插入，如图 11-18 所示。

图 11-17　"插入"面板

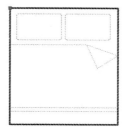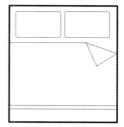

图 11-18 双人床块的插入

4. 命令行输入

命令行输入 B 只能保持在当前文件内，是内部图块，如果希望保持在文件夹下面，则可以在命令行输入 W，写入外部块(Wblock)，可以在其他的 .dwg 文件插入。

5. 具体步骤

(1) 命令行行输入 W，弹出"写块"面板，如图 11-19 所示。该面板的设置与图 11-15 不同的地方在于"文件名和路径"，需要制定保存在目标文件夹下的路径。

图 11-19　"写块"面板

(2) 插入块。在菜单选择【块】，弹出"插入"面板，如图 11-20 所示。点击"插入块"面板的【浏览】按钮，找到刚刚保存外部块的路径，选择"双人床—外部块"单击【打开】按钮。在绘图工作区用鼠标左键单击，就能完成外部块的插入。

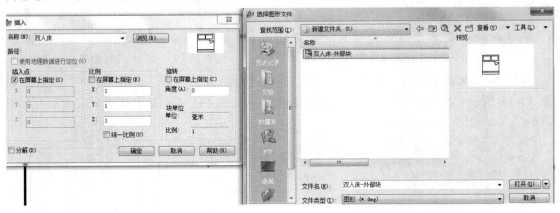

　　　　(a)　"插入"面板　　　　　　　　　　　(b)　浏览文件夹

图 11-20　插入"外部块"的面板

6. 打开系统的图块素材

有两种方法可以打开系统图块素材。

(1) 工具菜单：【选项板】»【工具选项板】，弹出"工具选项板"面板，如图 11-21 和图 11-22 所示。

在"工具选项板"面板下用鼠标左键单击【建筑】，单击里面的任何一个图例如"盥洗室"，按住鼠标左键不放，一直拖到绘图工作区后松开鼠标左键，插入结果如图 11-23 所示。

用鼠标左键单击图块，显示蓝色的三角形下料箭头，用鼠标左键单击，可进行不同视图的改变，如图 11-24 所示。

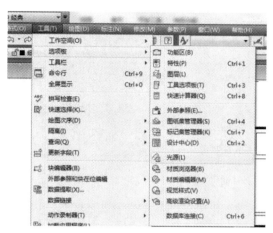

图 11-21　工具-工具选项板

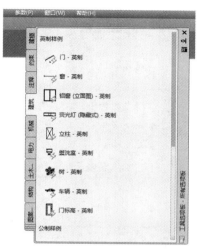

图 11-22　工具选项板-建筑

图 11-23　"工具选项板"自带素材

图 11-24　"工具选项板"自带素材视图改变

(2) 工具菜单：【选项板】»【设计中心】，弹出"设计中心"面板，如图 11-25 所示。在该面板左侧文件夹列表中找到"Design Center"，然后在面板的右侧找到"图块""Home-Space Planner.dwg"或"House-Designer.dwg"，并用鼠标左键双击，此时出现如图 11-26 所示的图例。用鼠标左键单击一个图例如餐桌(见图 11-27(b))，拖到绘图工作区松开鼠标左键(见图 11-27(a))，完成系统自带图例的插入。

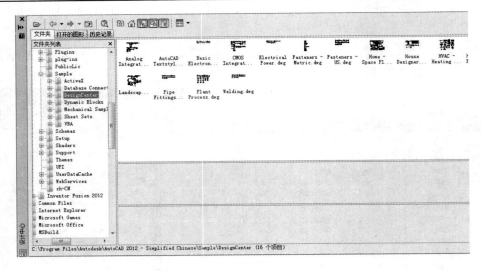

图 11-25 "设计中心"面板

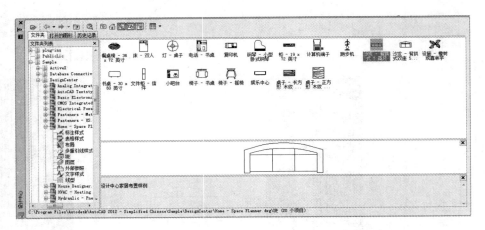

图 11-26 "设计中心"面板自带的图例

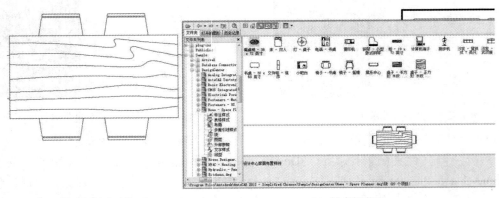

(a) 拖到绘图工作区   (b) 餐桌图例

图 11-27 "设计中心"面板中餐桌图例

11.3　装饰平面图

11.3.1　装饰平面图的基本知识

假设用一个水平剖切平面，沿门窗洞的位置把整个房屋剖开，并揭去上面部分，然后自上而下看去，在水平面上所显示的正投形，称之为平面图。

建筑设计平面主要表明室内各房间的位置，表现室内空间中的交通关系；一般不表示详细的家具、陈设、铺地的布置。

室内设计施工图的平面中还需要标注有关设施的定位尺寸，这些尺寸包括固定隔断、固定家具之间的距离尺寸，有的还标注了铺地、家具、景观小品等尺寸。

绘制装饰平面图的思路：一是根据测量的数据绘制户型的墙体结构图；二是对室内家具进行布置；三是对室内地面、柱等构造进行装饰设计，用材料图例和文字注释的形式进行表现；四是标注必要的文字说明，表达所选材料及装修要求等；五是标注尺寸及室内墙面的投影符号等。

11.3.2　绘制装饰平面图

1. 设置绘图环境

室内设计绘图环境的设置包括绘图单位、图形界线、常用图层、绘图样式中的墙窗样式等。具体操作步骤如下：

1）设置绘图单位

(1) 菜单：【格式】»【单位】。

(2) 命令行：【un】»【图形单位】»【长度-类型】»【小数】|【精度】»【0】|【单位】»【毫米】，设置好后单击【确定】按钮，如图 11-28 所示。

图 11-28　"图形单位"面板

2) 设置图形界线

(1) 菜单：【格式】»【图形界线】。

(2) 命令行：【limits】»【作图区域】，如图 11-29 所示。

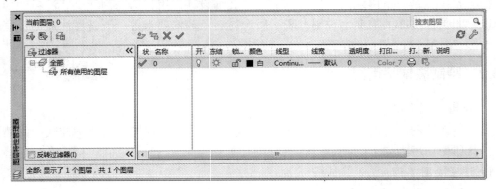

命令：' limits
重新设置模型空间界限：
指定左下角点或 [开(ON)/关(OFF)] <0.0000,0.0000>:

指定右上角点 <420.0000,297.0000>: 59400,42000

图 11-29   "图形界线"的设置

(3) 命令行提示"指导左下角点"<0,0>时，按 Enter 键。命令行提示"指导右上角点"时输入<59400,42000>，按 Enter 键，结束完成。

(4) 菜单：【视图】»【缩放】»【全部】。将设置的图形界线最大化显示。

3) 设置常用的图层和线型

(1) 菜单：【格式】»【图层】。

(2) 命令行：【la】»【图层特性管理器】，如图 11-30 所示。

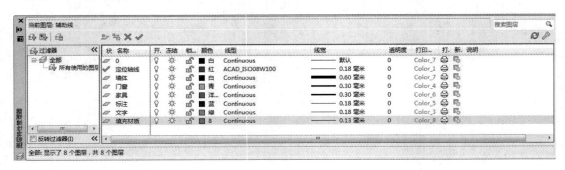

图 11-30   "图层特性管理器"面板

在"图层特性管理器"面板中单击新建图层按钮 ，建立"定位轴线""墙""门窗""标注""填充材质""家具""文字"等图层，图层的线型、线宽设置如图 11-31 所示。

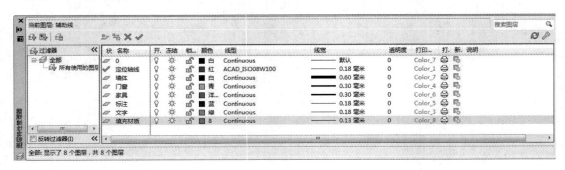

图 11-31   新建图层及线型设置

4) "定位轴线"层的选择

"定位轴线"层为点划线，需要对线型进行加载。

(1) 在"图层特性管理器"面板单击"定位轴线"层的线型，弹出"选择线型"对话

框，如图 11-32 所示。单击按钮 [加载(L)...] ，弹出"加载或重载线型"对话框，如图 11-33
所示，选择点划线单击【确定】按钮。

图 11-32　"选择线型"对话框

图 11-33　"加载或重载线型"对话框

(2) 点画线或虚线的显示比例太小，可以在命令行输入"lts"命令，输入点画线的显示
比例，如图 11-34 所示的操作。或者在菜单选择【格式】»【线型】»【线型管理器】，弹
出"线型管理器"对话框，如图 11-35 所示。在"线型管理器"对话框中点击【显示细节】
按钮后，再在【全局比例因子】文本框中输入"100"，如图 11-36 所示。

```
命令: lts
LTSCALE 输入新线型比例因子 <1.0000>: 100
正在重生成模型。
```

图 11-34　线型比例显示设置

图 11-35　"线型管理器"对话框

图 11-36　"线型管理器"显示细节设置

5) 设置墙窗样式

单击菜单【格式】»【多线样式】»【新建】，弹出"创建新的多线样式"对话框，如
图 11-37 所示。在【新样式名】栏中输入"240 墙体"，单击按钮[　继续　]，弹出"新建多
线样式：240 墙体"对话框，参数设置如图 11-38 所示。

"窗的多线样式"的设置跟"240 墙体"多线样式操作一样，具体的参数设置如图 11-39
和图 11-40 所示。

注意：窗的多线样式为 4 条线，在图 11-39"新建多线样式：窗"对话框中，单击两次
【偏移】会增加 2 条线，偏移值设置为 40、−40。

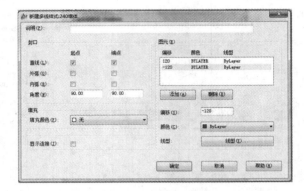

图 11-37　"创建新的多线样式"对话框　　图 11-38　"新建多线样式：240 墙体"参数设置

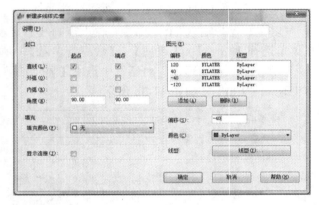

图 11-39　多线样式-窗参数设置　　　　　　图 11-40　多线样式-窗

2. 绘制户型框架图

本案例是综合运用前面所学知识，主要学习绘制墙体框架图的步骤、所用命令、技巧等，最终效果如图 11-41 所示。

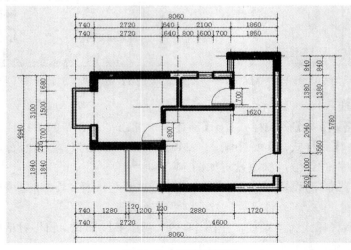

图 11-41　墙体框架图

1) 绘制墙体常用的命令

(1) 轴线网的绘制及主要命令有"直线""偏移"。

(2) 墙体的绘制及主要命令有"多线""多线样式""对象""多线"等。

(3) 门窗的绘制及主要命令是先把门洞和窗洞修建出来,主要命令有"偏移""修剪";在绘制门和窗图例时,主要命令有"直线""圆弧""多线"等。

2) 绘制墙体轴线

轴网的尺寸如图 11-42 所示。

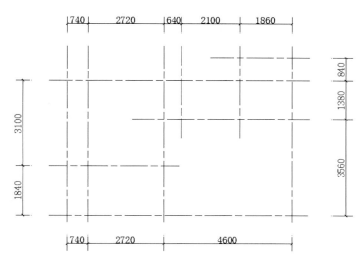

图 11-42　轴网尺寸

绘制步骤如下:

(1) 命令行:输入"la"图层命令,将"定位轴线"层设置为当前层。

(2) 绘制横向轴线。打开正交(F8),在绘图窗口绘制一条长度为 9500 的水平线。

(3) 在修改工具栏点击【偏移】或在命令行输入"O",将水平线依次向上偏移,左边间距 1840、3100,右边间距 3560、840。根据提供的轴网图,编辑"夹点"修改横向轴线的长度,如图 11-43 所示。

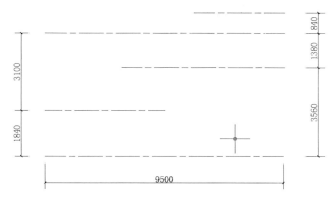

图 11-43　横向轴网

(4) 绘制纵向轴线。打开正交(F8)，在绘图窗口绘制一条长度为 6500 的垂直线，如图 11-44 所示。在修改工具栏点击【偏移】或在命令行输入命令"O"，将垂直线依次向右偏移，间距 740、2720、4600。根据图 11-44 继续执行偏移命令，偏移间距 640、2100 的内墙中线。根据提供的轴网图，编辑"夹点"修改纵向轴线的长度，如图 11-45 所示。

图 11-44　纵向垂直

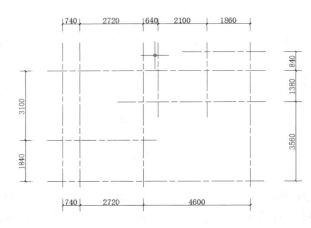

图 11-45　纵向轴网

3) 绘制墙体

墙体绘制如图 11-46 所示。

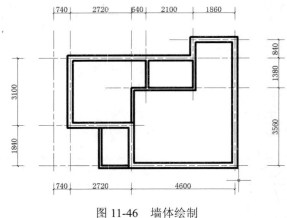

图 11-46　墙体绘制

绘制步骤如下：

(1) 在命令行中输入"la"图层命令，将"墙体"层设置为当前层。在【格式】》【多线样式】下新建"240 墙体""120 墙体""窗"等多线样式，如图 11-47 所示。图 11-48 为窗多线样式设置对话框，其他多线样式设置原理是一样的。

图 11-47　新建"240 墙体/120 墙体/窗"多线样式

图 11-48　窗多线样式设置

(2) 绘制外墙。把"240 墙体"置为当前样式，单击"绘制-多线"命令，或者在命令行输入"ml"命令，在命令行多线参数显示"对齐：无，比例：1，当前样式：240 墙体"，如图 11-49 所示。打开正交(F8)，沿着轴线网绘制外墙，如图 11-50 所示。

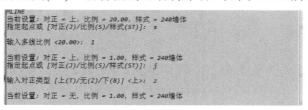

图 11-49　绘制"240 墙体"外墙参数

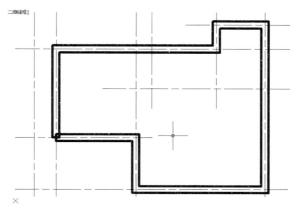

图 11-50　绘制外墙

(3) 绘制内墙和阳台。把"120 墙体"置为当前样式，单击"绘制-多线"命令，或者在命令行输入"ml"命令，"内墙"多线参数显示"对齐：上，比例：1，当前样式：120墙体"，如图 11-51 所示。"阳台"多线参数显示"对齐：下，比例：1，当前样式：120墙体"，如图 11-52 所示。打开正交(F8)，沿着轴线网绘制内墙和阳台，如图 11-53 所示。

命令：ML
MLINE
当前设置：对正 = 下，比例 = 1.00，样式 = 120墙体
指定起点或 [对正(J)/比例(S)/样式(ST)]：j

输入对正类型 [上(T)/无(Z)/下(B)] <下>：t

当前设置：对正 = 上，比例 = 1.00，样式 = 120墙体

图 11-51 绘制内墙多线参数设置

命令：ML
MLINE
当前设置：对正 = 下，比例 = 1.00，样式 = 120墙体
指定起点或 [对正(J)/比例(S)/样式(ST)]：
指定下一点：1200

指定下一点或 [放弃(U)]：
指定下一点或 [闭合(C)/放弃(U)]：

图 11-52 绘制阳台多线参数设置

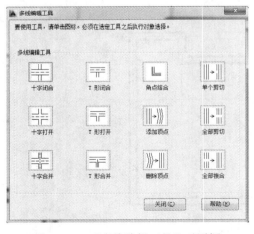

图 11-53 绘制内墙和阳台

(4) 修改墙体。单击菜单【修改】»【对象】»【多线】»【多线编辑工具】，弹出"多线编辑工具"对话框，如图 11-54 所示。在该对话框中单击【角点结合】完成外墙转交的修改，单击【T 形打开】完成内墙的修改，结果如图 11-55 所示。

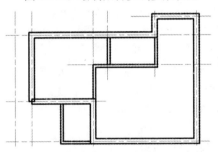

图 11-54 "多线编辑工具"对话框

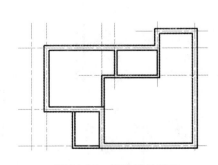

图 11-55 修改墙体结果

也可把多线用菜单【修改】或工具条»【分解】命令后转换成直线状态，再用【修改】工具条»【修剪】及【修改】工具条»【圆角】等命令完成。

　　4）绘制门窗

门窗绘制如图 11-56 所示。

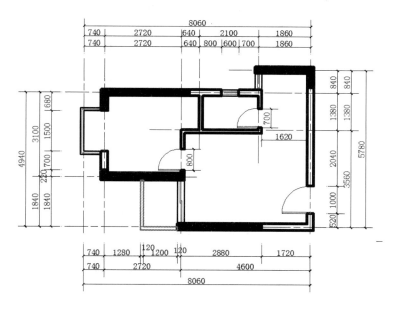

图 11-56　门窗绘制

绘制步骤如下：

(1) 门窗洞的绘制。

门窗洞的绘制，如图 11-57 所示。

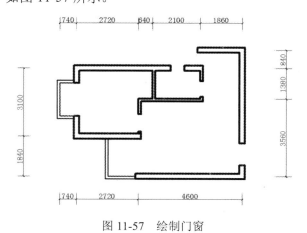

图 11-57　绘制门窗

　　卧室飘窗洞的绘制。飘窗洞的定位，单击【修改】工具条»【偏移】，把轴线向上偏移，间距为 920、1500。飘窗洞的修改，单击【修改】工具条»【修剪】，把飘窗洞修剪出来，如图 11-58 和图 11-59 所示。

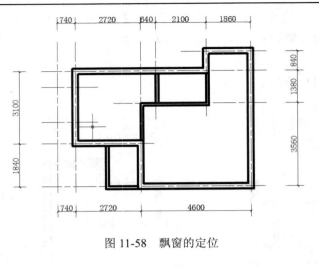

图 11-58　飘窗的定位

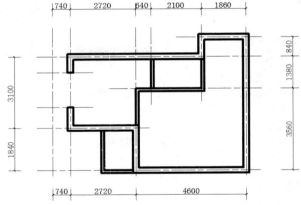

图 11-59　飘窗的窗洞

　　入口门洞的绘制。门洞的定位，单击【修改】工具条»【偏移】，把轴线向上偏移，间距为 520、1000。门洞的修改，单击【修改】工具条»【修剪】，把入口洞修剪出来，如图 11-60 和图 11-61 所示。卧室门洞的大小 850，卫生间门洞 750，绘制方法与入口门洞一样。

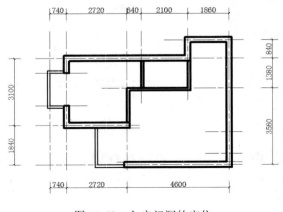

图 11-60　入户门洞的定位

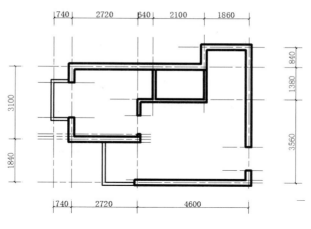

图 11-61　入户门洞

(2) 门窗图例的绘制。

窗图例的绘制，如图 11-62 所示。在命令行中输入 "la" 图层命令，将 "门窗" 层设置为当前层。点击【格式】菜单»【多线样式】，将其中的 "窗" 多线样式置为当前，单击【绘图】菜单»【多线】，命令行多线参数设为 "对齐：无，比例：1，当前样式：窗"，打开对象捕捉(F3)和正交(F8)，鼠标左键单击窗洞的端点，完成窗图例的绘制。

飘窗窗户的绘制，单击【修改】菜单或工具条»【分解】；单击【修改】菜单或工具条»【偏移】，偏移值为 "60"，单击 "修改-圆角" 命令，圆角值为 "0"，完成飘窗的绘制。

门图例的绘制，如图 11-63 所示。入口门图例的绘制，单击【绘图】菜单或工具条»【矩形】，矩形右下角输入(@-1000,40)，完成门板的绘制。门开启轨迹的绘制，单击【绘图】菜单或工具条»【圆弧】»"起点、端点、方向"命令，完成圆弧的绘制。依上述方法绘制卧室 800 的门、卫生间 700 的门。

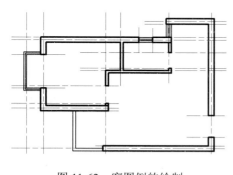

图 11-62　窗图例的绘制

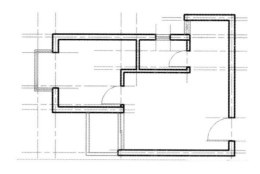

图 11-63　门图例的绘制

5) 墙体的填充

在命令行中输入 "la" 图层命令，将 "墙体" 层设置为当前层。先隐藏 "定位轴线层"，用直线绘制墙体填充的封闭区域，单击【绘图】菜单或工具条»【图案填充】，选择材质完成，如图 11-64 所示。

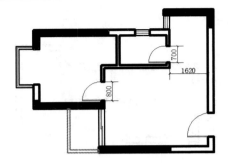

图 11-64　墙体的填充

6) 尺寸标注

标注由四个部分组成,尺寸线、尺寸起止符、尺寸数字、尺寸界限。标注时要把空间墙面开门洞的尺寸、空间的大小标注清楚,一般标注 3 道标注。

(1) 设置标注样式:单击【格式】菜单»【标注样式管理器】单击其新建按钮 [新建(N)...],弹出"创建新标注样式"对话框,如图 11-65 所示。单击【继续】按钮,进入【建筑标注】标注样式对话框的参数设置,分别对"线""符号和箭头""文字""主单位"进行参数修改,具体操作如图 11-66～图 11-70 所示。

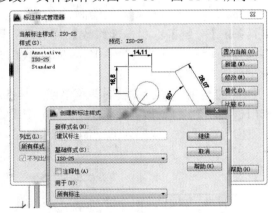

图 11-65　"新建标注样式"对话框

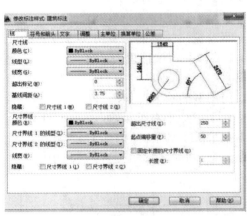

图 11-66　标注样式-线

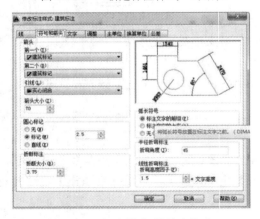

图 11-67　标注样式-符号和箭头

图 11-68　标注样式-文字

图 11-69　标注样式-新建文字样式

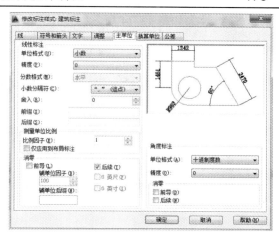

图 11-70　标注样式-主单位

（2）新建辅助线层，设为当前图层，单击【绘图】菜单或工具条»【直线】，打开对象捕捉和正交，把需要标注的部分从墙体框架图中画水平线和垂直线，完成辅助线的绘制，如图 11-71 所示。

（3）在命令行中输入"la"图层命令，将"标注"层设置为当前层。先画第一道标注，墙面的门洞尺寸，再画第二道标注轴线间距的空间大小，第三道标注为总尺寸。

（4）单击"标注-对齐标注"命令或者在命令行输入"dal"，打开对象捕捉，在标注定位辅助线的基础上，从一端开始画标注。再单击"标注-

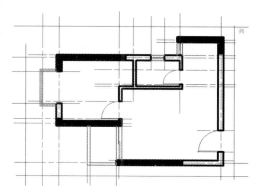

图 11-71　绘制标注定位辅助线

连续标注"命令或者在命令行输入"dco"，在刚刚绘制标注的基础上绘制第一道标注剩下的标注尺寸，见图 11-72。其他标注的绘制也是用同样的方法，完成结果，如图 11-73 所示。

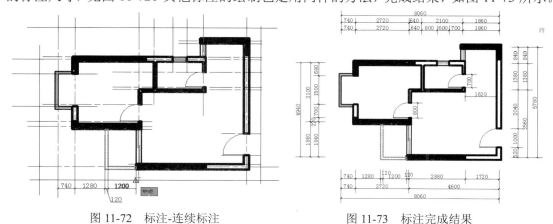

图 11-72　标注-连续标注　　　　　　　　　图 11-73　标注完成结果

3. 绘制家具布置图

本案例是综合运用前面所学知识，主要学习绘制室内家具布置的步骤、所用命令、技巧等，最终效果如图 11-74 所示。

图 11-74　室内家具图

绘制思路和主要命令如下：

(1) 在"框架平面图.dwg"文件的基础上布置家具，使用"设计中心""工具选项板"及提供的"家具图块.dwg"素材，完成客厅、餐厅、卧室、卫生间、厨房空间的家具图块布置。

(2) 主要命令有"插入块""移动""缩放""矩形""工具-查询"等。

(3) 家具的布置一定要符合人体工程学的尺寸，当提供图块尺寸不是所需大小时，要用修改菜单的"缩放""修剪"等命令调整成需要的图块。

4. 绘制客厅、餐厅家具

(1) 打开"框架平面图.dwg"文件，在命令行中输入"la"图层命令，将"家具"层设置为当前层。

(2) 打开"家具图块.dwg"素材文件，把里面的家具如沙发、电视柜等保存为外部图块，如图 11-75 和图 11-76 所示。

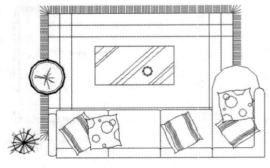

图 11-75　沙发组合图块

图 11-76　电视柜组合图块

(3) 插入图块：【绘图】工具条»【插入】»【块】，找到保存外部块的路径，单击【确定】按钮，完成客厅家具的布置，如图 11-77 所示。

(4) 调整客厅家具布置。单击【修改】菜单或工具条»【移动】，调整家具位置，如图 11-78 所示。

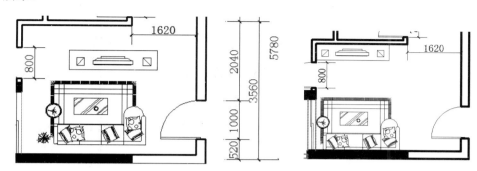

图 11-77　插入沙发组合、电视柜　　　　　　图 11-78 调整沙发组合、电视柜

(5) 餐厅家具。在【工具】菜单»【设计中心】中调出六人餐桌，单击【工具】»【查询】»【距离】，或者在命令行输入"di"，测量六人餐桌的长度(914×1829)。这个素材不能摆在餐厅空间中，需要对该图块进行修改。

修改六人餐桌的尺寸。单击【修改】菜单或工具条»【分解】，把图块分解成线；单击【修改】菜单或工具条»【缩放】，修改餐桌长度(600×1200)，如图 11-79 所示。

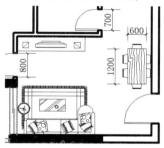

图 11-79　餐桌尺寸的修改

注意：【修改】»【缩放】命令指定缩放物体的大小，当这个缩放比值不能确定时，调用子命令"参照"，以参考线段的长度，进行物质大小的缩放。

绘制卧室家具，跟客厅和餐厅家具布置方法一样，完成效果如图 11-80 所示。

绘制卫生间、厨房家具，跟客厅和餐厅家具布置方法一样，完成效果如图 11-81 所示。

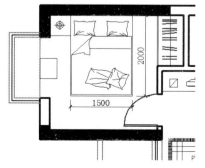

图 11-80　卧室家具布置

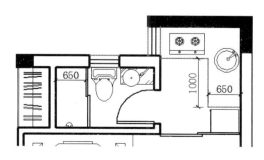

图 11-81　厨房和卫生间家具布置

5. 绘制地面材质

本案例是综合运用前面所学知识，主要学习绘制室内地面材质布置的步骤、所用命令、技巧等，最终效果如图 11-82 所示。

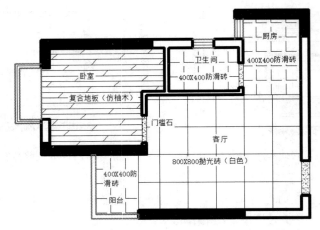

图 11-82　室内材质图

1) 绘制思路和主要命令

(1) 使用"直线"命令封闭各房间的门洞，或者使用"多段线"命令绘制需要填充的区域。

(2) 使用"绘图菜单-图案填充"命令中的"预定义"功能，绘制卧室、厨房、卫生间等空间的地板、防滑砖材质。

(3) 使用"绘图菜单图案填充"命令中的"用户定义"功能，绘制客厅和餐厅 800×800 地砖材质。

(4) 使用"绘图菜单图案填充"命令中的"设定原点"功能，更改图案的填充原点，一般设置在墙角。

2) 绘制客厅、餐厅地面材质

(1) 打开"地面材质图.dwg"文件，在命令行中输入"la"图层命令，将"材质"层设置为当前层。

(2) 对填充区域进行封闭。单击【绘图】»【直线】，绘制直线对门洞进行封闭，如图 11-83 所示。

(3) 单击【绘图】»【图案填充】或在命令行输入【h】打开"图案填充和渐变"对话框，【类型】设置为"用户定义"，勾选【双向】，【间距】设为"800"，【图案填充原点】设置为"指定的原点"，具体参数显示，如图 11-84 所示。

(4) 在【图案填充和渐变】»【边界】添加拾取点，鼠标左键在客厅区域内任意单击一点，选择填充区域，按回车键，重新回到【图案填充和渐变色】»【以设置新原点】，选择客厅右下角端点作为新原点，按回车键结束命令。填充 800×800 材质效果，如图 11-85 所示。

(5) 在命令行中输入"la"图层命令，将"文字"层设置为当前层。单击【格式】»【文字样式】，新建高为 150 的文字样式，单击【绘图】菜单或工具条»【文字】»【多行文字】

命令，在客厅区域内输入"客厅""800×800 抛光砖(白色)"内容，如图 11-86 所示。

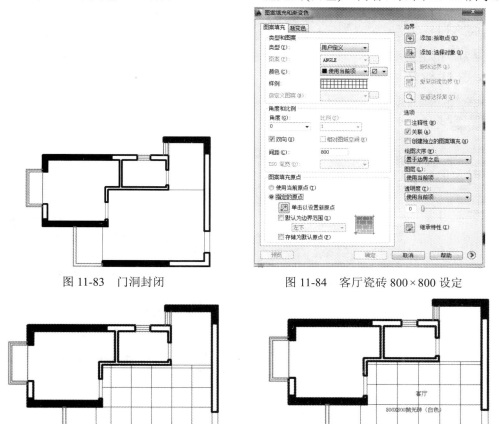

图 11-83   门洞封闭   图 11-84   客厅瓷砖 800×800 设定

图 11-85   客厅 800×800 材质   图 11-86   客厅文字输入

(6) 单击【修改】菜单»【对象】»【图案填充】，鼠标单击"客厅已经填充的材质区域"，弹出"图案填充编辑"对话框，单击"边界-添加：选择对象"，在绘图窗口用鼠标左键单击文字"客厅""800×800 抛光砖(白色)"，按回车键，单击对话框的【确定】按钮，完成客厅材质的文字说明，如图 11-87 所示。

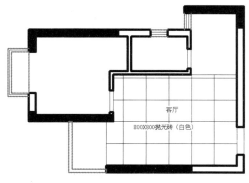

图 11-87   客厅文字状态的修改

3) 绘制卧室地面材质

　　卧室地面材质是木地板，单击【绘图】菜单或工具条»【图案填充】，或者在命令行输入"h"，打开"图案填充和渐变"对话框，【类型】设置为"预定义"，【图案填充原点】设置为"指定的原点"，具体参数显示见图 11-88。其他操作跟客厅材质铺设一样，填充结果如图 11-89 所示。

图 11-88　卧室木地板参数

图 11-89　卧室材质

　　4) 绘制卫生间、厨房、阳台地面材质

　　卫生间、厨房、阳台地面材质是防滑砖，单击【绘图】菜单或工具条»【图案填充】，或者在命令行输入"h"，打开"图案填充和渐变"对话框，【类型】设置为"预定义"，【图案填充原点】设置为"指定的原点"，其他操作跟客厅材质铺设一样。

　　5) 索引符号的绘制

　　(1) 命令行中输入"la"图层命令，将"标注"层设置为当前层。单击【绘图】菜单或工具条»【直线】、【绘图】»【圆】、【修改】»【修剪】命令完成投影符号图。圆半径可设为 150，如图 11-90 所示。

　　(2) 单击"绘图-图案填充"命令，填充投影符号实体图案，填充结果如图 11-91 所示。

　　(3) "格式-文字"样式，设置文字高度为 150。单击"绘图-文字-多行文字"命令，输入投影符号的编号名称，如图 11-92 所示。

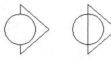　　　　　　　　

图 11-90　投影符号绘制　　　　图 11-91　投影符号填充　　　　图 11-92　投影符号文字

　　6) 其他符号的绘制

　　完成其他投影面投影符号的绘制，如图 11-93 和图 11-94 所示。

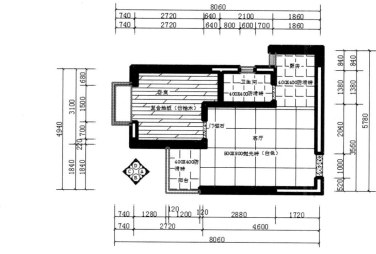

图 11-93　投影符号　　　　　　　　图 11-94　投影符号在材质图

11.4　装饰立面图

装饰图纸中，同一立面可有多种不同的表达方式，各个设计单位可根据自身的作图习惯及图纸的要求来选择，但在同一套图纸中，通常只采用一种表达方式。

在立面的表达方式上，目前常用的主要有以下四种：

(1) 在装饰平面图中标出立面索引符号，用 ABCD 等指示符号来表示立面的指示方向；

(2) 利用轴线位置表示；

(3) 在平面设计图中标出指北针，按东南西北方向指示各立面；

(4) 对于局部立面的表达，也可直接使用此物体或方向的名称，如屏风立面、客厅电视柜立面等。对于某空间中的两个相同立面，一般只要画出一个立面，但需要在图中用文字说明。

装饰设计中的立面图(特别是施工图)，则要表现室内某一房间或某一空间中各界面的装饰内容以及与各界面有关的物体，如图 11-95 所示。

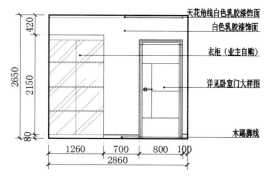

图 11-95　卧室 A 立面

室内设计中还有一种立面展开图，它是将室内一些连续立面展开成一个立面，室内展开立面尤其适合表现正投影难以表明准确尺寸的一些平面呈弧形或异形的立面图形。

　　室内装饰立面有时也可绘制成剖立面图像，也有称之为剖立面图。剖立面图中剖切到的地面、顶棚、墙体及门、窗等应标明位置、形状和图例。

　　就室内装饰设计而言：其平面图体现空间长度和宽度的数据，画室内立面图需要根据平面图进行，室内装饰平面图是绘制和识读室内装修施工图的重要图纸。本章通过相关理论和绘图思路的讲解，通过绘制墙体框架图、家具布置图、地面材质图等典型实例，学习了室内装修的设计方法、具体绘图过程和绘图技巧。

　　希望读者通过本章学习，掌握平面布置图、立面图方案的表达内容和图纸的绘图技巧。

第12章 园林设计制图

园林是指在一定的地域运用工程技术和艺术手段，通过改造地形(或进一步筑山、叠石、理水)、种植树木花草、营造建筑和布置园路等途径创作而成的美的自然环境和游憩境域。

12.1 概　　述

园林学是指综合运用生物科学技术、工程技术和美学理论来保护和合理利用自然环境资源，协调环境与人类经济和社会发展，创造生态健全、景观优美、具有文化内涵和可持续发展的人居环境的科学和艺术。

公园绿地指各种公园和向公众开放的绿地，包括综合公园、社区公园、专类公园、带状公园和街旁绿地。社区公园是为一定居住用地范围内的居民服务，具有一定活动内容和设施的集中绿地，是公园绿地的重要组成部分，也是与市民关系最密切的绿地类型。本章以某社区公园园林设计为例，利用 AutoCAD 2012 进行其操作技巧和步骤的讲解，使读者掌握社区公园的设计及制作方法。

12.1.1 园林设计的工作内容

1. 设计背景及建设条件分析

(1) 掌握自然环境条件、社会状况、经济状况、历史沿革、场地周边的交通状况、可利用资源状况等。

(2) 图纸资料分析，如地形图、卫星图、规划图等。

(3) 现场调研和踏勘。

(4) 使用人群分析，如规模、年龄、民族、教育程度、职业、收入水平、文化特点、生活习惯的特点。

(5) 相关规范的分析。

2. 方案设计

(1) 设计立意及内容设想，包括主题、目标、风格、理念、使用功能、景观系统等。

(2) 规划与布局。

(3) 局部及单体设计，包括园林建筑、构筑物、水景、公共艺术等。

(4) 设计表达，常用的组合是：手绘草图 + AutoCAD + Sketch-up + Adobe Photoshop。

3. 设计沟通及汇报

(1) 设计沟通，包括设计过程中的沟通、设计汇报及后期跟进。

(2) 提交正式成果，包括文本、展板及演示文稿。

12.1.2　制图规范

在绘图前，需要查阅相关制图规范和标准。本章节以某公园景观设计的绘制方法为例，进行 AutoCAD 方案绘制技巧的讲解，提前了解公园设计的相关规范，有助于提高绘图效率，提升绘图质量。

(1)《总图制图标准》GB/T 50001—2010。

(2)《风景园林图例图示标准》CJJ 67—1995。

(3)《城市绿地设计规范》GB 50420—2007。

(4)《公园设计规范》CJJ 48—1992。

(5)《建筑制图标准》GB/T 50104—2010。

12.2　总 平 面 图

总平面图是园林设计图的基础，能够反映园林设计的总体布局和设计意图，是绘制其他设计图的重要依据，主要包括以下内容：

(1) 规划用地周边状况及红线范围；

(2) 竖向设计；

(3) 分区景点设置；

(4) 各类园林设计要素的设置；

(5) 比例尺、指北针及风玫瑰。

12.2.1　入口的确定

建立一个新图层，命名为"参考线"，颜色选取为红色，线型为 CENTER，线宽为 0.09，并将其设置为当前图层，如图 12-1 所示。

✔　参考线　　|♀　☀　🔓■红　　CENTER ── 0.09 毫米　0　Color_1　🖨　🗐

图 12-1　"参考线"图层参数

结合区位和周边居民的使用需求，共设置 5 个入口：主入口设置在公园的北侧，靠近城市主干道；次要入口分别设置在西北及东侧；另为篮球场设置专门入口和集会区入口。

单击【绘图】工具栏»【直线】按钮✏，分别绘制 5 个入口的参考线，以确定入口位置，如图 12-2 所示。

12.2.2　竖向设计

在地形设计中，将原有地形进行整理，将原有的水塘连成一片，在场地南侧形成完整水面；将挖出的土方堆在湖北侧，形成山体。

图 12-2　入口位置的确定

(1) 建立"地形"图层，设置为当前图层，单击【绘图】工具栏»【样条曲线】按钮～|，绘制地形坡脚线，如图 12-3 所示。

(2) 建立"水系"图层，设置为当前图层，单击【绘图】工具栏»【样条曲线】按钮～|，在公园东南中心绘制水系驳岸线，采用"高程"的标注方法标注"湖底"的高程，然后再绘制溪流，如 12-4 所示。

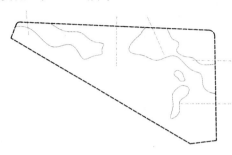

图 12-3　地形坡脚线图

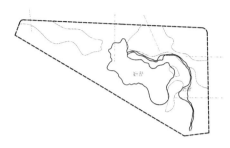

图 12-4　水系的绘制

(3) 绘制等高线，将"地形"图层设置为当前图层，单击【绘图】工具栏»【样条曲线】按钮～|，沿地形坡脚线方向绘制地形坡脚线以内的等高线，标注等高线，主山高 2.5m，其余均为缓坡，如图 12-5 所示。

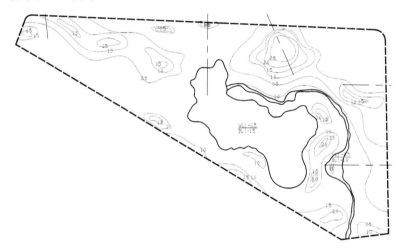

图 12-5　等高线的绘制

12.2.3　分区设计

将社区公园分为 7 个功能区，分别是入口广场、滨水区、安静休憩区、街边广场、运动健身区、儿童娱乐区和集会区(见图 12-6)，以满足居民多样化的使用需求。

1. 景区划分

建立"文字"图层，将其置为当前图层，如图 12-7 所示。

单击【绘图】工具栏»【矩形】按钮▢，绘制出各分区的大概位置；单击【绘图】工具栏中的【多行文字】按钮Ａ，在相应位置标出相应区名，如图 12-7 所示。

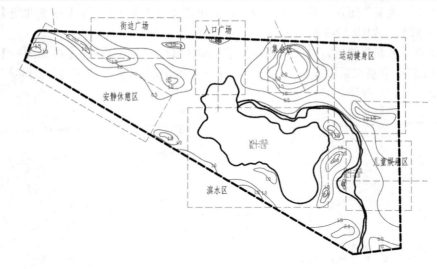

图 12-6　分区索引图

| ✔ 文字 | | ♀ ☀ | 🔓 □ 255 | Continu... | —— 0.09 毫米 | 0 | Color_255 | 🖨 | 🗐 |

图 12-7　文字图层参数

2. 入口广场区的绘制

主入口从北至南分为 3 个层次：一为特色植物花坛，并置假山标明公园名称；二为分流广场，起到过渡和集散作用；三为滨水平台广场，并在广场中央设置喷泉。

绘制南北、东西方向的参考线。单击【修改】工具栏中的»【偏移】按钮🗗，利用入口广场中心参考线进行偏移，分别左右偏移 5000、7500、10000、15000；单击【绘图】工具栏»【直线】按钮✎，绘制一条横向参考线；单击【修改】工具栏»【偏移】按钮🗗，利用入口广场中心参考线进行偏移，分别下偏移 12000、15000、10000、10000，完成参考线的绘制，如图 12-8 所示。

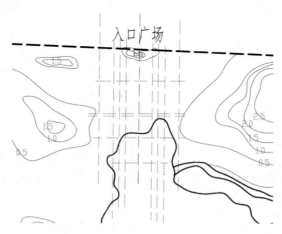

图 12-8　入口广场参考线

建立"广场"图层，将其置为当前图层，如图 12-9 所示。

| ✓ 广场 | ♀ | ☼ | 🔓 ■ 20 | Continu... —— 0.20 毫米 | 0 | Color_20 | 🖶 | 🔲 |

图 12-9　广场图层参数

单击【绘图】工具栏》【圆】按钮 ⊘，沿参考线中心线分别绘制半径为 15000 和 10000 的圆；单击【绘图】工具栏》【多段线】按钮 ⤵，沿参考线绘制轮廓线；单击【修改】工具栏》【修剪】按钮 ⊬，修剪掉多余的线段，形成入口广场的外轮廓线，如图 12-10 所示。

1) 假山的绘制

建立"假山"图层，将其置为当前图层；单击【绘图】工具栏》【多段线】按钮 ⤵，绘制假山平面图；单击【修改】工具栏》【移动】按钮 ✛，将其放置在如图 12-11 所示的位置。

图 12-10　入口广场轮廓的绘制

图 12-11　假山的绘制

2) 喷泉水池的绘制

单击【修改】工具栏》【偏移】按钮 ⬒，利用入口广场中心参考线进行偏移，分别左右偏移 1500、880；利用横向参考线，分别向下偏移 1000、12000、13500；隐藏多余的参考线，如图 12-12 所示。

单击【绘图】工具栏》【多段线】按钮 ⤵，绘制喷泉水池平面图；单击【修改】工具栏》【偏移】按钮 ⬒，将内外轮廓线向内偏移 120，如图 12-13 所示。

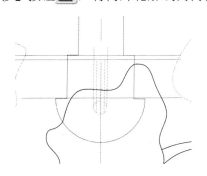

图 12-12　喷泉水池参考线

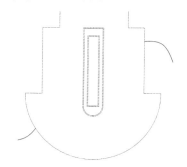

图 12-13　喷泉水池轮廓线

绘制图 12-13 中的矩形水池的中心线；单击【绘图】工具栏》【圆】按钮 ⊘，绘制半径为 10 的圆，单击【绘图】工具栏》【创建块】按钮 🖼，将其命名为"喷泉"；然后选择菜单栏中的【绘图】》【点】》【定数等分】命令，对中心线进行定数等分，具体操作如下：

命令：　_divide

选择要定数等分的对象：

输入线段数目或 [块(B)]：　b

输入要插入的块名：　喷泉

是否对齐块和对象？[是(Y)/否(N)] <Y>：Y

输入线段数目：　6

隐藏参考线，喷泉水池绘制完成，如图 12-14 所示。

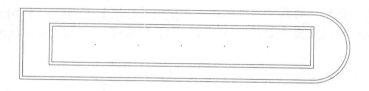

图 12-14　喷泉水池完成图

3) 树池的绘制

单击【修改】工具栏»【偏移】按钮，将北部广场边缘线向内分别偏移 120、1400120、400，绘制出树池及树池座凳；单击【修改】工具栏 »【延伸】按钮，将相连的广场轮廓线延伸置坐凳边缘线，形成封闭树池；单击"修改"工具栏中的"修剪"按钮，修剪掉多余的线段，形成左侧树池，如图 12-15 所示。

单击【修改】工具栏 »【镜像】按钮，沿参考线镜像复制出右侧树池座凳，具体操作如下：

命令：　_mirror 找到 7 个

指定镜像线的第一点：　　<对象捕捉 开> 指定镜像线的第二点：

要删除源对象吗？[是(Y)/否(N)] <N>：　N

完成树池座凳的绘制，如图 12-16 所示。

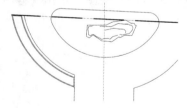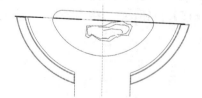

图 12-15　树池座凳的绘制　　　　　　　图 12-16　树池座凳完成图

3. 滨水区的绘制

在湖区设置三处停留空间，即一座景观亭、一个湖心平台和一座跌水广场；在溪流处设置两座桥，起到连通作用的同时，又增加了滨水体验的形式。

绘制湖区各平台轮廓线。单击【绘图】工具栏中的【多段线】按钮，绘制喷泉水池平面图；单击【绘图】工具栏中的【圆】按钮，绘制 3 个半径分别为 5000、6300、9000 的圆；单击【修改】工具栏中的【修剪】按钮，修剪掉多余的线段，如图 12-17 所示。

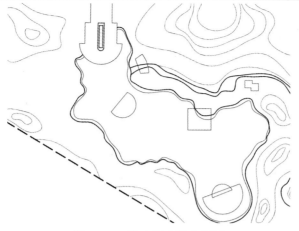

图 12-17　滨水区广场布置图

1）亭的绘制

单击【绘图】工具栏 » 【插入块】按钮，将亭的图块插入到图中，如图 12-18
所示。

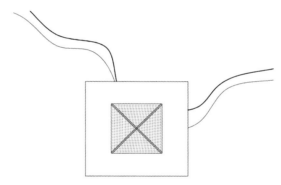

图 12-18　亭平面布置图

2）桥的绘制

单击【绘图】工具栏中的【多段线】按钮，将桥和扶手的轮廓绘制出来，如图 12-19
所示。

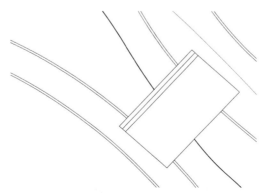

图 12-19　桥轮廓及扶手

绘制一条木纹填充线，单击【修改】工具栏中的【偏移】按钮 ，将填充线偏移 200，作为参考线，如图 12-20 所示。

单击【修改】工具栏中的【偏移】按钮 ，复制多条填充线，具体操作如下：

命令：_copy 找到 2 个

当前设置：　复制模式 =单个

指定基点或 [位移(D)/模式(O)] <位移>：　O

输入复制模式选项 [单个(S)/多个(M)] <多个>：　M

指定基点或 [位移(D)/模式(O)] <位移>：　<对象捕捉 开>

指定第二个点或 [阵列(A)/退出(E)/放弃(U)] <退出>：　A

输入要进行阵列的项目数：　25

删除偏移复制的参考线，最终完成木纹填充，如图 12-21 所示。

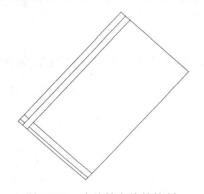

图 12-20　木纹填充线的绘制　　　　　　　　图 12-21　木桥平面图

3) 跌水平台的绘制

单击【绘图】工具栏中的【圆】按钮 ，绘制一大一小圆形平台，由于此处有道路穿过，要预先将道路位置绘制出来，如图 12-22 所示。

单击【绘图】工具栏中的【样条曲线】按钮 ，绘制跌水轮廓，单击【修改】工具栏中的【偏移】按钮 ，将跌水轮廓偏移 200，绘制跌水池的厚度；单击【修改】工具栏 »【偏移】按钮 ，绘制广场边缘的可坐憩围栏，如图 12-23 所示。

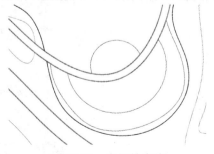
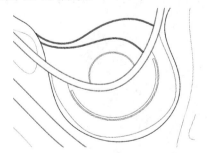

图 12-22　广场轮廓线　　　　　　　　　　图 12-23　跌水广场的绘制

4) 其余分区的绘绘制

其余分区及单体的平面绘制方法不再赘述。灵活运用以上绘图方法，完成各功能区的绘制，如图 12-24 所示。

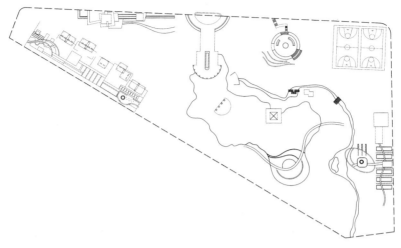

图 12-24 各功能区的绘制

12.2.4 道路系统

将社区公园的道路分为 3 级，即主要道路、次要道路及支路，并通过桥的形式建立必要区域之间的连接。各级园路以总体设计为依据，以地形、功能分区和居民活动为基础，确定平曲结合的道路形式，形成完整的园路系统。

(1) 建立"道路"图层，颜色选取 9 号灰色，线性为 Continuous，线宽为 0.2 mm，置为当前图层。

(2) 单击【绘图】工具栏中的【多段线】按钮，绘制出主要道路中心线；单击【绘图】工具栏中的【样条曲线】按钮，绘制出次要道路中心线，如图 12-25 所示。

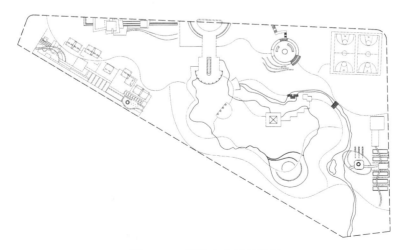

图 12-25 道路中心线的绘制

(3) 单击【修改】工具栏中的【偏移】按钮，分别向两侧偏移，主要道路偏移 1500，次要道路偏移 750，作为道路边缘线；然后将边线向内偏移 100，作为路缘，如图 12-26 所示。

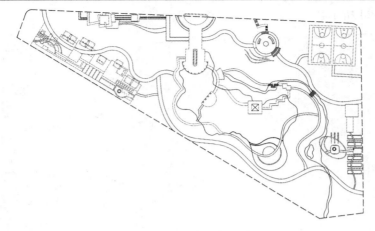

图 12-26　道路的绘制

（4）木栈道的绘制。单击【绘图】工具栏中的【直线】按钮，绘制长度为 3000 的直线，将直线垂直放置在道路中心线起点位置；单击菜单栏中的【修改】按钮，在下拉菜单中选择【阵列】»【路径阵列】，命令提示与操作如下：

命令：　ARRAYPATH

选择对象：找到 1 个

选择对象：

类型 = 路径　关联 = 是

选择路径曲线：

输入沿路径的项数或 [方向(O)/表达式(E)] <方向>：　E

输入表达式：　200

完成木栈道绘制，如图 12-27 所示。

重复命令，绘制图中所有木栈道，隐藏中心线，如图 12-28 所示。

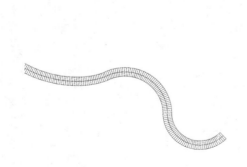

图 12-27　木栈道的绘制　　　　　　　　　　图 12-28　完成木栈道的绘制

12.3　铺 装 设 计

铺装是指在庭院、广场、道路等室外地面运用自然或人造材料，按照一定的方式铺设于地面形成的地表形式。它不仅具有组织交通和引导游览的功能，还为人们提供了良好的休息、活动场地，同时还会直接创造优美的地面环境，是园林空间的重要组成部分。

在开始铺装填充之前，需做如下准备：

(1) 新建 4 个图层，即"标注尺寸""文字""铺装""铺装填充"，将"铺装"图层置为当前图层，如图 12-29 所示。

✔ 铺装	☀ ☀	❎	■ 253	Continu...	—— 0.09 毫米	0	Color_253	🖶 🗗
⬩ 铺装填充	☀ ☀	❎	■ 251	Continu...	—— 0.09 毫米	0	Color_251	🖶 🗗

图 12-29　铺装图层参数

(2) 设置标注样式。选择菜单栏中的【格式】»【标注样式】命令，对标注样式线、符号和箭头、文字和主单位进行设置。具体参数介绍如下：

① 线：超出尺寸线为 125，起点偏移量为 150。

② 符号和箭头：第一个为建筑标记，箭头大小为 150，圆心标注为 75。

③ 文字：文字高度为 150，文字位置为垂直上，从尺寸线偏移为 75，文字对齐为 ISO 标准。

④ 主单位：精度为 0，比例因子为 1。

(3) 设置文字样式。选择菜单栏中的【格式】»【文字样式】命令，弹出"文字样式"对话框，选择仿宋字体，宽度因子设置为 0.7。

(4) 设置多重引线样式。选择菜单栏中的【格式】»【多重引线样式】命令，弹出"多重引线样式"对话框，对引线格式、内容进行设置。具体参数介绍如下：

① 引线格式：符号为点，大小为 30；

② 内容：多重引线类型为无。

(5) 加载填充图案。选择菜单栏中的【工具】»【选项】命令，弹出"选项"对话框，单击【添加】按钮，将 AutoCAD 文件"铺装填充"所在的文件夹路径复制粘贴到"支持文件搜索路径"处，如图 12-30 所示。

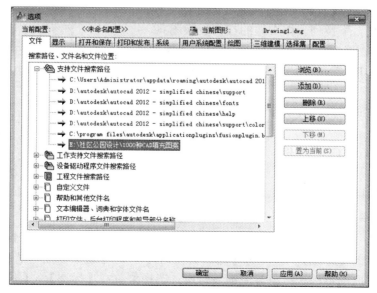

图 12-30　加载填充图案

12.3.1　街边广场铺装

1.　绘制铺装线

单击【修改】工具栏 》【偏移】按钮，单击中部的方形广场边线，向内偏移 300，用【裁剪】工具，将多余线段裁掉，将其图层调整为"铺装"层，如图 12-31 所示。

2.　绘制参考线

单击【修改】工具栏 》【偏移】按钮，再单击图 12-31 中所绘制的左、上侧铺装线，分别向右、向下偏移 1600，分别偏移 3 次，将其图层调整为"参考线"层。

以图 12-32 中所绘制的参考线作为所需铺装的中线，继续进行"偏移"命令，分别向上下左右偏移 100，将偏移后的线调整为"铺装"层。

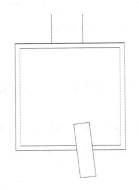
图 12-31　街边广场铺装绘制

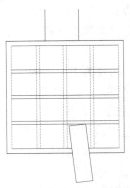
图 12-32　街边广场铺装线绘制

3.　铺装填充的绘制

将"铺装填充"图层置为当前图层，多次单击【绘图】工具栏》【图案填充】按钮，填充铺装。单击对话框中"图案"下拉列表框右边的按钮更换图案，进入"填充图案选项板"对话框，依次选择以下图案：

预定义 AR-HBONE 图例，填充比例和角度分别为 50 和 0；

预定义砼地砖图例，填充比例和角度分别为 1000 和 0；

预定义 AGGREGAT 图例，填充比例和角度分别是 1500 和 0。

完成绘制如图 12-33 所示。

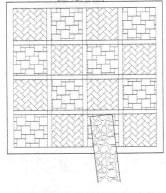
图 12-33　铺装填充的绘制

4.　标注铺装材质

将"标注尺寸"图层设置为当前图层，单击【标注】工具栏中的【线性】按钮，标注外形尺寸；单击【标注】工具栏》【连续】按钮，进行连续标注。然后重复"线性"和"连续"，完成图形标注；再标注铺装材质。选择菜单栏【标注】》【多重引线】命令，针对不同的铺装绘制引线；单击【绘图】工具栏》【多行文字】按钮，分别输入材料名称及规格。完成标注如图 12-34 所示。

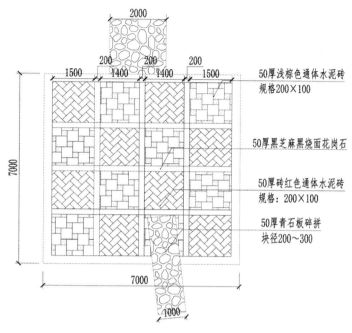

图 12-34　铺装填充及标注

5. 人行道铺装的绘制

单击【修改】工具栏中的"偏移"按钮，将道路边线向内偏移 100；单击【绘图】工具栏»【图案填充】按钮，填充铺装，如图 12-35 所示。

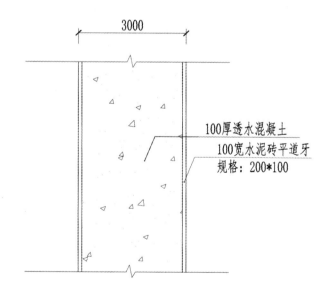

图 12-35　人行道透水铺装的绘制

其余广场采用相同方法进行图案填充，最终效果如图 12-36 所示。

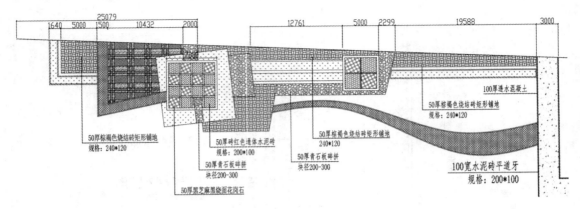

图 12-36　街边广场铺装的绘制

12.3.2　儿童活动场地铺装

1. 绘制圆形安全脚垫

单击【绘图】工具栏》【圆】按钮，绘制 5 个直径为 1000 的圆和 8 个直径为 500 的圆，如图 12-37 所示。

2. 图案填充

将"铺装填充"图层置为当前图层，多次单击【绘图】工具栏》【图案填充】按钮，填充铺装。单击对话框中【图案】下拉列表框右边的按钮更换图案，进入"填充图案选项板"对话框，依次选择以下图案：

(1) 预定义 TREAD 图例，填充比例和角度分别为 500 和 0；

(2) 预定义 GEOL1 图例，填充比例和角度分别为 800 和 0；

(3) 预定义 B030 图例，填充比例和角度分别为 1500 和 45；

(4) 预定义 AR-CONC 图例，填充比例和角度分别为 100 和 0；

(5) 预定义 STARS 图例，填充比例和角度分别为 1000 和 0；

(6) 预定义卵石 4 图例，填充比例和角度分别为 1000 和 0。

完成儿童娱乐区的铺装填充，如图 12-38 所示。

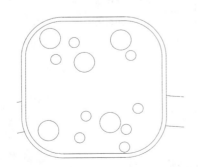

图 12-37　圆形安全胶垫的绘制

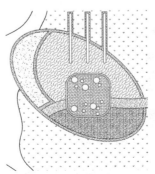

图 12-38　儿童娱乐区铺装填充

3. 标注铺装材质

选择菜单栏»【标注】»【多重引线】命令，针对不同的铺装绘制引线，并绘制圆形尺寸标注；单击【绘图】工具栏»【多行文字】按钮，分别输入材料名称及规格，如图 12-39 所示。

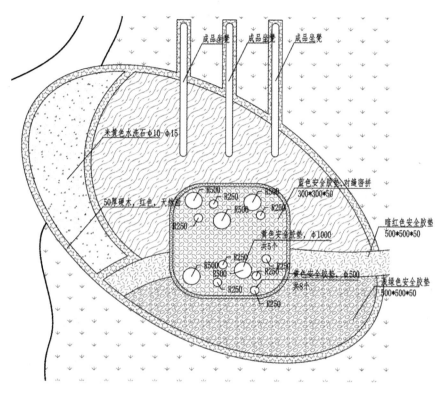

图 12-39 儿童娱乐区铺装及标注

4. 其他功能区绘制

依次完成所有功能区的铺装绘制，如图 12-40 所示。

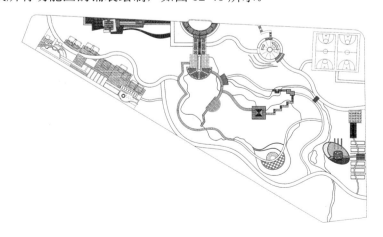

图 12-40 社区公园铺装示意

12.4 种 植 设 计

种植设计是以植物为造景材料，通过植物空间的围合、疏密变化，植物之间的色彩、高低、形态、叶形、质地的对比及和谐搭配，营造与周围环境相协调的植物景观。按照场地的性质可分为公园种植设计、广场种植设计、道路绿地种植设计、居住区种植设计、屋顶花园种植设计等。

12.4.1 公园种植设计要点

公园种植设计的要点如下：

(1) 根据功能分区和景点划分，确定植物的主题和主体树种；

(2) 注重乡土树种的运用，比例应达 70%以上；

(3) 注意常绿与落叶植物的比例以及乔木与灌木的搭配比例；

(4) 注意植物造景手法的运用；

(5) 慎用带毒、带刺植物；

(6) 儿童游戏场地应有 50%的遮阴。

12.4.2 植物的平面图的绘制

设计图以圆形作为主要图例，圆心处十字表示树干位置。用连线将同种乔木或灌木连在一起，然后标注其树种和数量，如"大叶榕 9"代表 9 株大叶榕。

(1) 单击【绘图】工具栏»【圆】按钮，分别绘制出直径为 6000、5000、 3000、1500 的圆，代表不同规格的平面树；单击【标注】工具栏»【圆心标记】按钮，分别标注其圆心，并分别将其定义为块；单击【修改】工具栏»【复制】按钮，选择合适规格的圆，将其拷贝到相应位置，如图 12-41 所示。

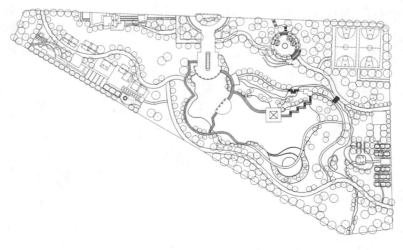

图 12-41　植物的平面布置

（2）单击【绘图】工具栏»【多段线】按钮，将相同种类的树用连线连接起来；选择菜单栏中的【标注】»【多重引线】命令，将不同种类的植物引线；单击【绘图】工具栏»【多行文字】按钮，分别输入材料名称及规格，如图 12-42 所示。

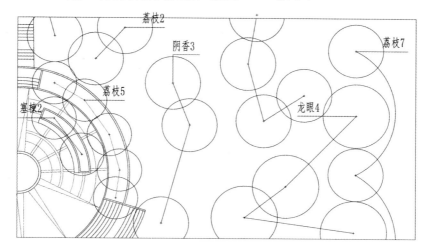

图 12-42　局部放大种植图

（3）另一种表达方法是导入不同的植物图例表示不同种类的植物，如图 12-43 所示。

图 12-43　图例表示法

12.4.3　苗木种植表的绘制

苗木种植表的绘制步骤如下：

（1）设置表格样式。选择菜单栏【格式】»【表格样式】命令，对单元样式菜单中的标题、表头和数据进行编辑，分别设置常规和文字的数据，具体介绍如下。

① 常规：对齐为正中，页边距为 1500；

② 文字：文字高度为 1500。

(2) 单击【绘图】工具栏》【插入表格】按钮，并插入苗木表，然后进行适当的调整，如图 12-44 所示。

(3) 单击表格中的标题栏，输入文字"苗木种植表"；单击表头栏，分别输入"序号""名称""拉丁名""数量""备注"；单击数据栏，填写相应内容，如图 12-44 所示。

序号	名称	拉丁名	数量	备注	序号	名称	拉丁名	数量	备注
苗木种植表
1	大叶榕	*Ficus microcarpa*	12		13	荔枝	*Litchi chinensis*	42	
2	油棕	*Elaeis guineensis*	13		14	龙眼	*Dimocarpus longan*	11	
3	银海枣	*Phoenix sylvestris*	24		15	麻楝	*Chukrasia tabulari*	26	
4	宫粉羊蹄甲	*Bauhinia variegate*	34		16	木棉	*Bombax ceiba*	5	
5	凤凰木	*Delonix regia*	8		17	鸡蛋花	*Plumeria rubra cv. Acutifolia*	2	
6	小叶榄仁	*Terminalia mantaly*	27		18	水石榕	*Elaeocarpus hainanensis*	4	
7	阴香	*Cinnamomum burmanii*	27		19	串钱柳	*Callistemon viminalis*	23	
8	黄槐	*Cassia surattensis*	28		20	马尾松	*Pinus massoniana*	13	
9	落羽杉	*Taxodium distichum*	22		21	大花紫薇	*Lagerstroemia speciosa*	24	
10	水杉	*Metasequoia glyptostroboides*	16		22	白兰	*Michelia alba*	13	
11	黄钟木	*Tabebuia chrysantha*	47		23	塞楝	*Khaya senegalensis*	3	
12	芒果	*Litchi chinensis*	44		24	马占相思	*Acacia mangium*	19	

图 12-44　苗木种植表

12.5　园林建筑设计

园林建筑是建造在园林和城市绿化地段内供人们游憩或观赏用的建筑物，常见的有亭、榭、廊、阁、轩、楼、台、舫、厅堂等建筑物。通过建造这些建筑物，以起到在园林里造景、为游览者提供观景的视点和场所，以及提供休憩及活动的空间等作用。

亭是园林中运用最多的一种建筑形式。亭的体量小巧，结构简单，做法灵活，适合在多种地形上构建。关于亭的功能作用，《园冶》中有："亭者，停也所以停憩游行也。"可见亭用在园林中是供游人休息的景观建筑。本节以亭为例，阐述园林建筑的基本绘制方法。

1. 亭顶平面图的绘制

将"参考线"图层置为当前层；单击【绘图】工具栏》【直线】按钮 ，在绘图区适当位置绘制轴线；单击【修改】工具栏》【偏移】按钮 ，向上、下、左、右放偏移轴线；单击【绘图】工具栏》【直线】按钮 ，绘制出其余参考线；根据参考线，偏移出所需要的线段；单击【修改】工具栏》【修剪】按钮 ，将多余线段裁剪掉，如图 12-45 所示。

将"标注尺寸"图层设置为当前图层，单击【标注】工具栏》【线性】按钮 ，标注外形尺寸；单击【标注】工具栏【连续】按钮 ，进行连续标注。然后重复"线性"和"连续"，完成图形标注；再标注材质。选择菜单栏中【标注】》【多重引线】命令，针对不同的铺装来绘制引线；单击【绘图】工具栏»【多行文字】按钮，分别输入材料名称及规格；选择菜单栏【标注】»【多重引线】命令，修改"多重引线样式"，然后绘制箭头，如图 12-46 所示。

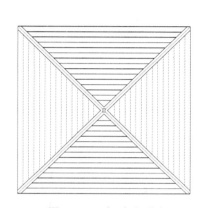

图 12-45　亭顶平面图

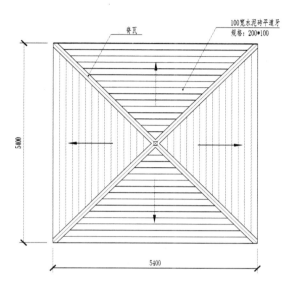

图 12-46　亭顶平面标注

2．木框架平面的绘制

参照图 12-45、图 12-46 的绘制方法，绘制木框架的平面并完成标注，形成如图 12-47 所示的木框架平面。

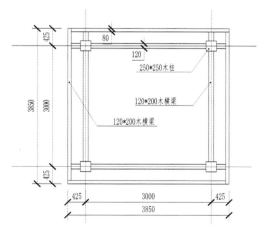

图 12-47　木框架平面

3．轴号标注

横向轴号用阿拉伯数字 1、2、3…标注，纵向轴号用字母 A、B、C…标注。在轴线段绘制直径为 400 的圆，在中央标注一个数字"1"，将该轴号图例复制到其他轴线端头，并修改圈内数字，如图 12-48 所示。

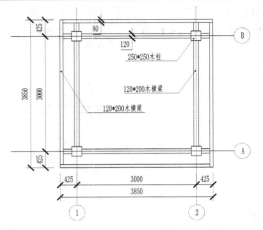

图 12-48 轴号标注

4．完成亭的绘制

参照图 12-45、图 12-47 的绘制方法，完成亭的绘制，如图 12-49 所示。

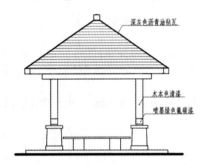

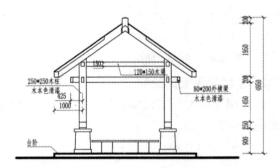

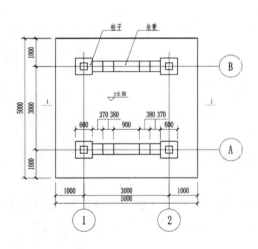

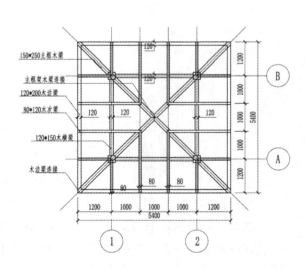

图 12-49 亭的绘制

第13章 绘制网络综合布线系统图

综合布线系统又称开放式布线系统或建筑物结构化综合布线系统。该系统是按照标准的、统一的和简单的结构化方式编制和布置各种建筑物内各种系统的通信线路的系统。它用模块化的组合方式，将语言、数据、图像和信号控制等系统综合在一套标准的布线系统中。

13.1 综合布线系统构成

综合布线系统由传输介质、相关的连接硬件(如配线架、插座、适配器等)以及电气保护设备等部件组成。综合布线系统一般采用开放式网络拓扑结构，每个分支子系统都是相对独立的单元，改动任意一个分支单元系统都不影响其他子系统。

综合布线系统可划分成工作区子系统、干线子系统、设备间子系统、建筑群子系统、水平子系统和管理子系统，如图 13-1 所示。

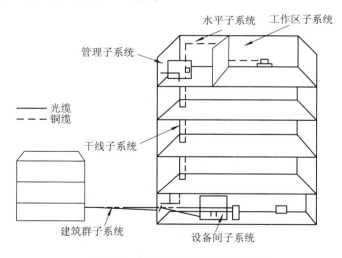

图 13-1 综合布线系统组成结构图

13.2 综合布线系统设计常用图标

综合布线系统设计常用图标如表 13-1 所示。

表 13-1　综合布线系统设计常用图标

图　标	表　示	图　标	表　示
CD	建筑群子系统配线设备	BD	建筑物子系统配线设备
FD	电信间（楼层管理间）配线设备	PABX	数字程控交换机
LIU	光缆配线架	SWITCH	网络交换机
□	单孔信息插座	□ □	双孔信息插座
————	光缆	————	双绞线

　　某商业大楼共 12 层，使用 AutoCAD 软件，绘制该大楼综合布线系统图(见图 13-2)，及第 9 层综合布线系统的系统图(见图 13-3)。

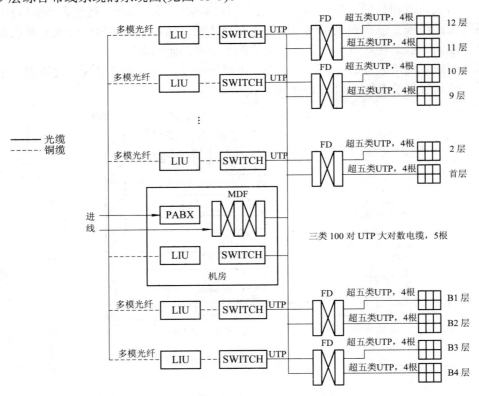

图 13-2　某商业大楼综合布线系统图

1. 绘图提示

按表 13-2 所示的步骤绘图。

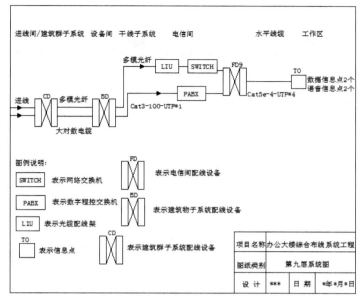

图 13-3　第 9 层综合布线系统图

表 13-2　某商业大楼综合布线系统图图形绘制步骤

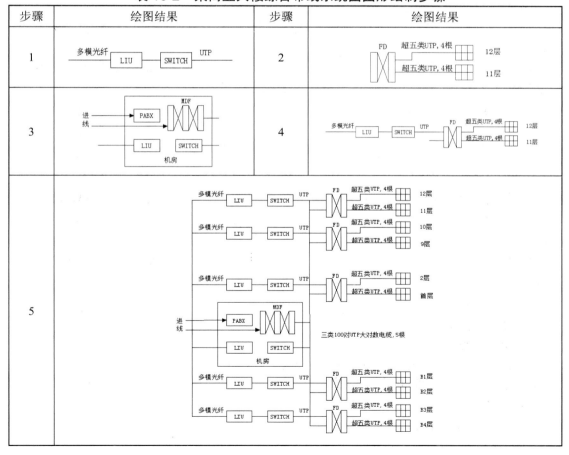

1) 绘图步骤

(1) 打开图形文件，建立图层细线层(线型为 Continuous，线宽为默认)，并设置为当前层。

(2) 利用【格式】菜单»【文字样式】对文字格式进行设置，参数如图 13-4 所示。

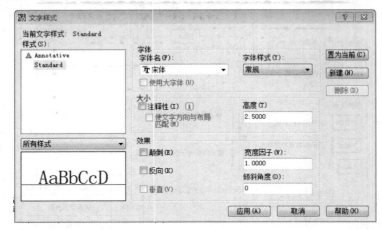

图 13-4　文字样式设置

(3) 绘制光缆配线架 LIU。利用矩形工具 ▭ 绘制矩形，分别输入对角点(0，0)，(12，5)。

(4) 单击多行文字图标 **A**，指定第一角点为矩形左上点。

(5) 指定对角点或[高度(H)/对正(J)/行距(L)/旋转(R)/样式(S)/宽度(W)/栏(C)]：鼠标单击矩形右下角点。

(6) 文字格式工具栏中(见图 13-5)，设置字体为宋体，高度为 2.5，对正方式为正中(MC)，对齐方式为居中，输入"LIU"，单击【确定】按钮。

图 13-5　文字格式工具栏

(7) 绘制网络交换机 SWITCH。使用复制工具 ⚞ 复制矩形，并输入文字"SWITCH"。

(8) 绘制缆线。单击直线命令 ╱，利用对象捕捉连接矩形边中点，分别输入文字"多模光纤"和"UTP"(见表 13-2 步骤 1)。

(9) 使用矩形命令 ▭ 和直线命令 ╱ 绘制电信间配线设备 FD 和配线架，并进行文字标注(见表 13-2 步骤 2)。

2) 确定进线位置，绘制箭头

(1) 命令：pline；

(2) 指定起点；

(3) 指定下一个点或[圆弧(A)/半宽(H)/长度(L)/放弃(U)/宽度(W)]：W；

(4) 指定起点宽度<0.0000>：1；

(5) 指定端点宽度<1.0000>：0

指定下一个点或[圆弧(A)/半宽(H)/长度(L)/放弃(U)/宽度(W)]：L

指定直线的长度：1。

3) 绘制数字程控交换机 PABX

使用复制命令 复制步骤。

利用【修改】菜单»【对象】»【文字】»【编辑】，输入文字"PABX"(见表 13-2 步骤 3)。

(1) 使用复制命令 和直线命令 绘制配线设备 MDF(见表 13-2 步骤 3)；

(2) 将表 13-2 步骤 1 和表 13-2 步骤 2 图形进行连接，效果见表 13-2 步骤 4；

(3) 通过复制命令 复制表 13-2 步骤 4 所示的 4 个图形，并与表 13-2 步骤 3 图形连接；

(4) 单击【绘图】菜单【点】»【多点】，在图形中第 2 层与第 9 层空白处绘制点，数量为 3；

(5) 编辑相应文字(见表 13-2 步骤 5)。

2. 按表 13-3 所示的步骤绘图

表 13-3　某商业大楼第 9 层综合布线系统图图形绘制步骤说明

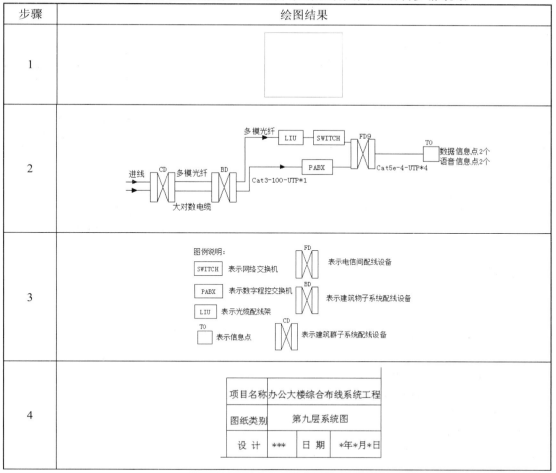

续表

步骤	绘图结果
5	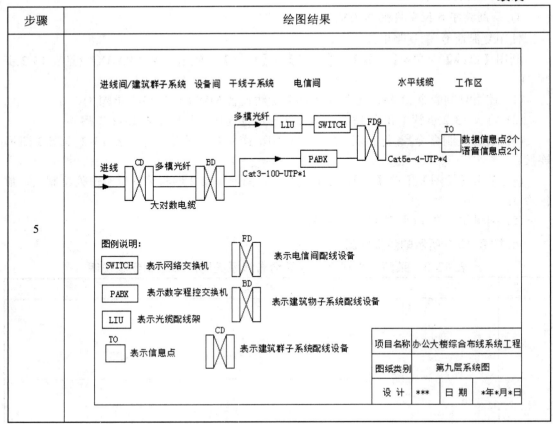

(1) 绘制步骤：

① 新建图形文件；

② 使用矩形命令 ▭ 绘制矩形，对角点(0,0)，(267,230)(见表 13-3 步骤 1)；

③ 单击【格式】菜单»【文字样式】设置文字样式，字体为宋体，高度为 4；

④ 确定进线与 CD 和 BD 的位置(见表 13-3 步骤 2)。

(2) 绘制箭头，命令行提示如下：

　　命令：pline

　　指定起点：

　　指定下一个点或[圆弧(A)/半宽(H)/长度(L)/放弃(U)/宽度(W)]：W

　　指定起点宽度<0.0000>：3

　　指定端点宽度<3.0000>：0

　　指定下一个点或[圆弧(A)/半宽(H)/长度(L)/放弃(U)/宽度(W)]：L

　　指定直线长度：3

(3) 绘制配线设备 CD、BD 及 FD，单击矩形命令 ▭ 绘制矩形，用复制命令 ⟳ 复制矩形，利用捕捉功能和直线命令 ╱ 连接两矩形的对角点。

(4) 确定第 9 层 FD 的位置。

(5) 使用矩形命令 ▭ 绘制配线架 LIU 及交换设备 SWITCH、PABX，并输入相应文字。

(6) 配置第 9 层 FD 的交换设备与配线设备。

(7) 使用直线命令 ╱ 绘制缆线。连线建筑群子系统 CD-BD，光缆配光纤配线架，干线子系统为 BD-FD，水平子系统为 FD-TO，并做缆线、信息点标注。

(8) 绘制图例说明。利用复制命令 🐾 复制相应图形，并输入对应的文字说明(见表 13-3 步骤 3)。

(9) 使用直线命令 ╱ 绘制图框标题栏(见表 13-3 步骤 4)。

附录 A　CAD 机械设计制图练习题

在教师指导下用 CAD 软件完成以下机械图：

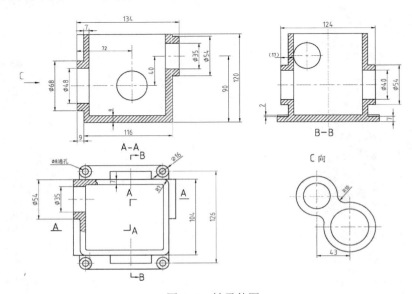

图 A-1　轴零件图

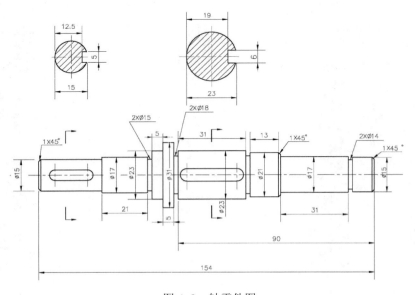

图 A-2　轴零件图

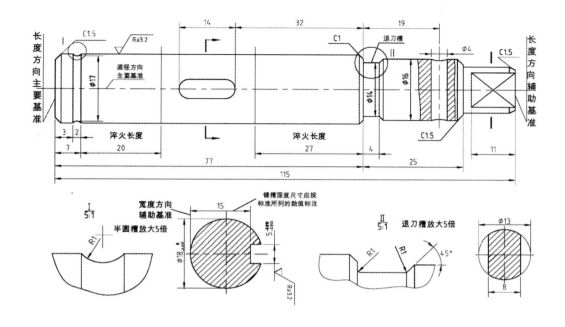

图 A-3 轴类零件图

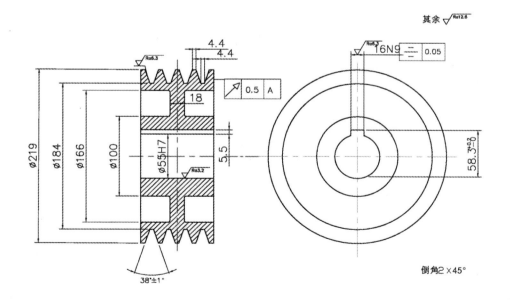

图 A-4 带轮

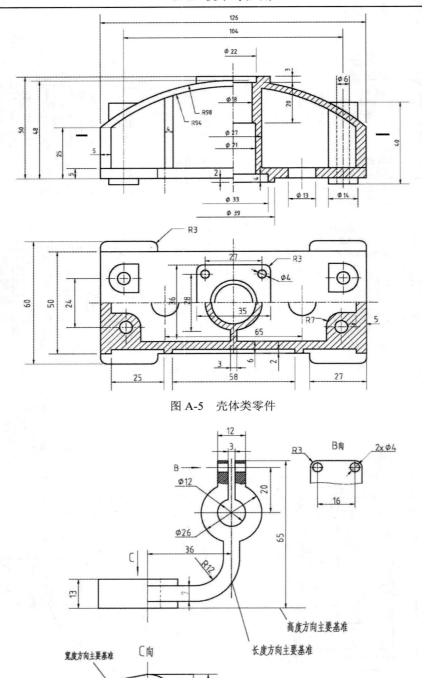

图 A-5　壳体类零件

图 A-6　叉架类零件图

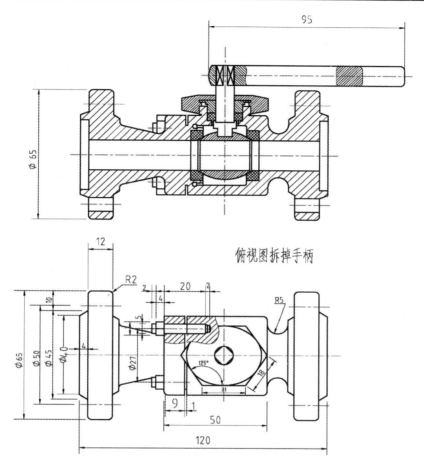

图 A-7   截止阀装配图

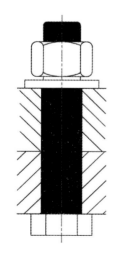
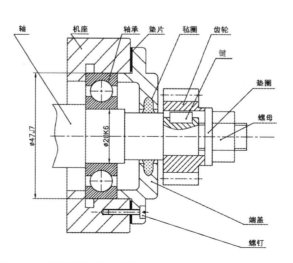

图 A-8   装配图的规定画法

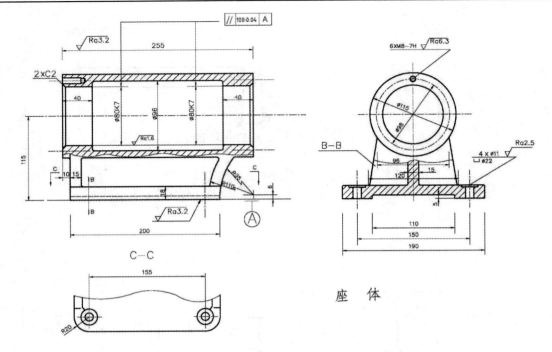

C—C

座　体

图 A-9　座体零件图

附录 B　CAD 建筑设计制图练习题

在教师指导下用 CAD 软件完成以下建筑施工图：

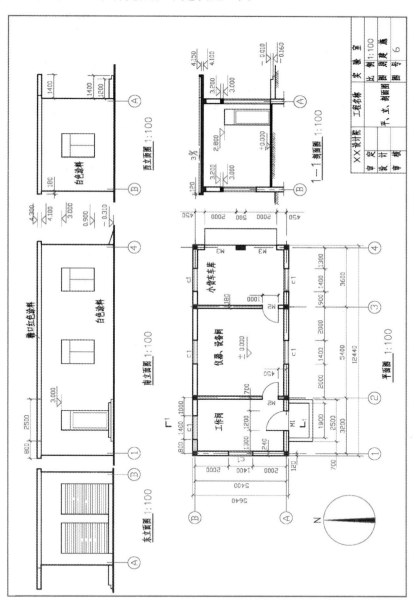

图 B-1　1：1 抄绘"实验室"平、立、剖建筑施工图

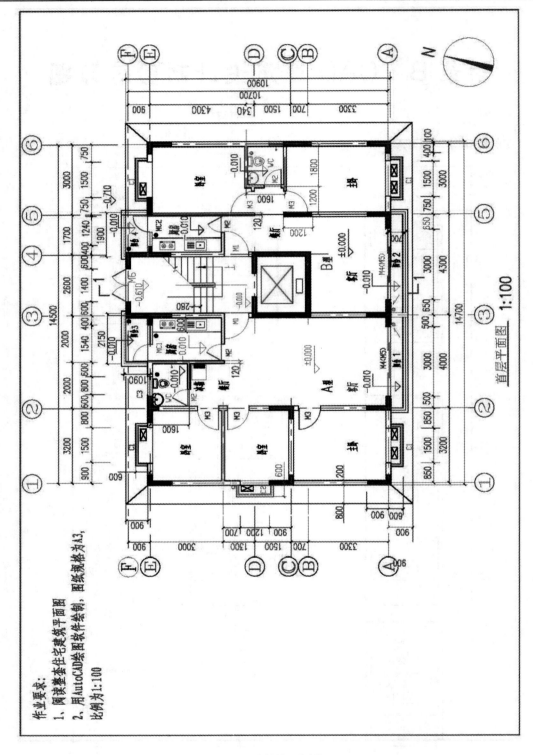

图 B-2　建筑施工图练习

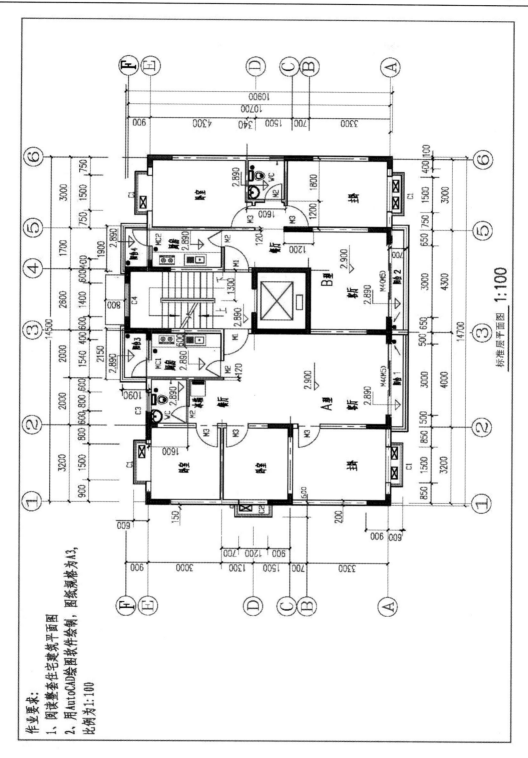

图 B-3　建筑施工图练习

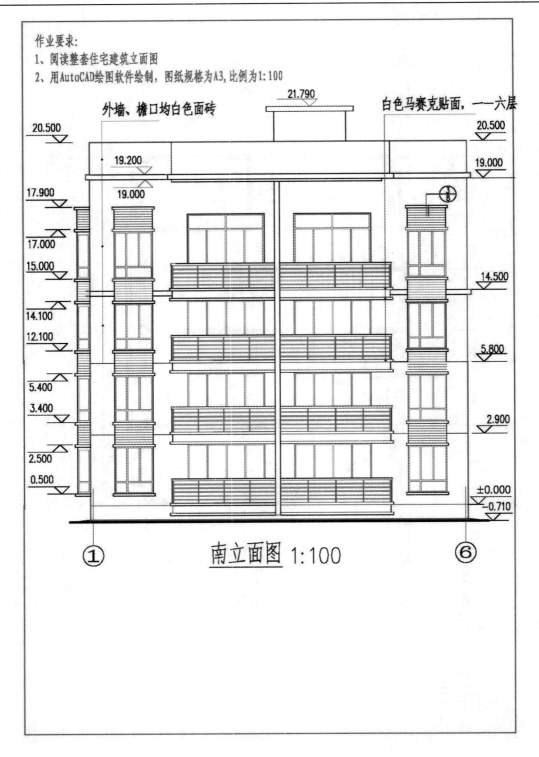

作业要求:

1、阅读整套住宅建筑立面图

2、用AutoCAD绘图软件绘制,图纸规格为A3,比例为1:100

外墙、檐口均白色面砖　　　　白色马赛克贴面,——六层

南立面图 1:100

图 B-4　　建筑施工图练习

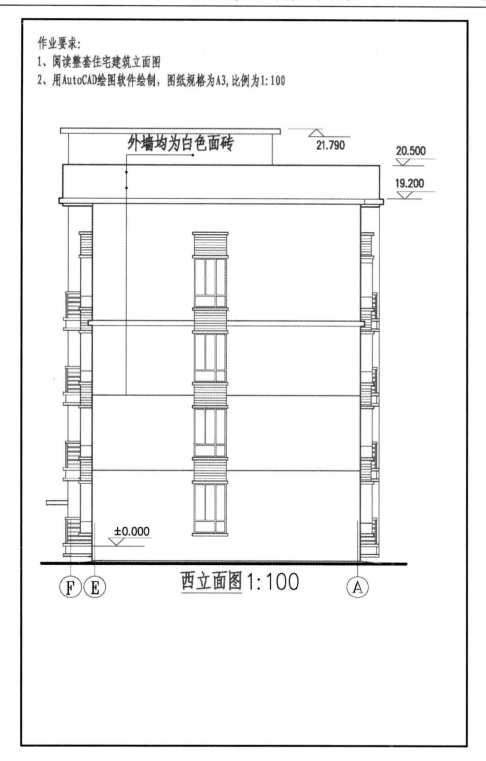

作业要求:

1、阅读整套住宅建筑立面图

2、用AutoCAD绘图软件绘制, 图纸规格为A3, 比例为1:100

图 B-5　建筑施工图练习

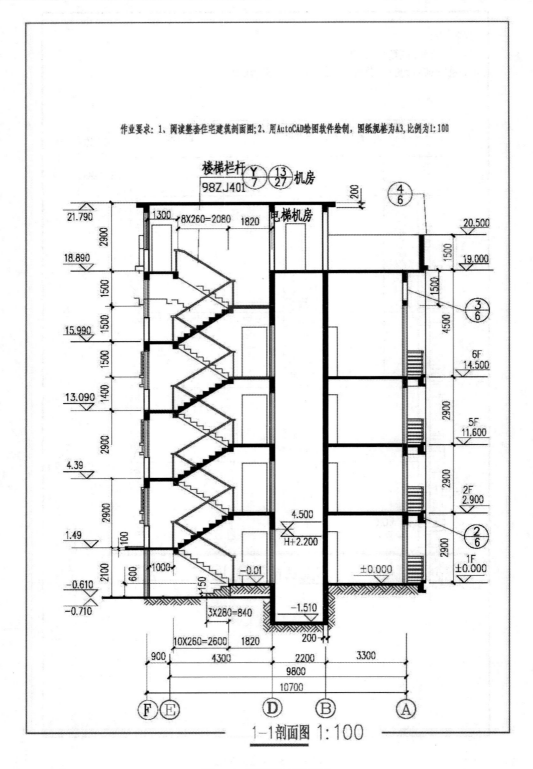

图 B-6　建筑施工图练习

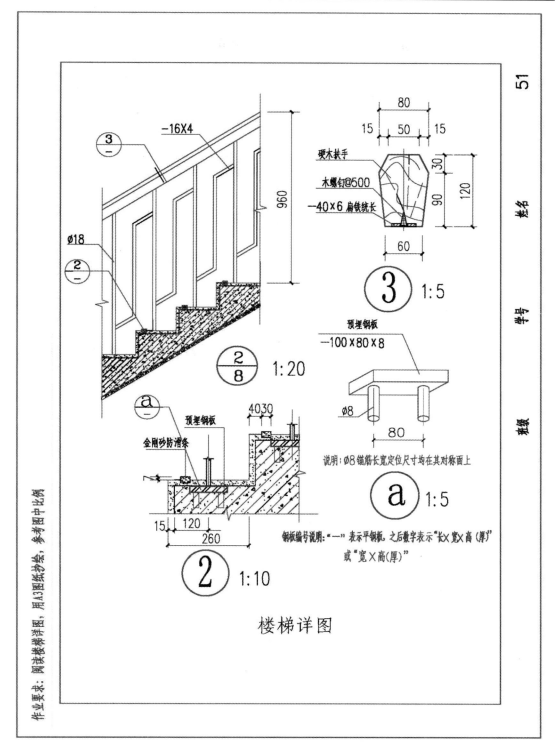

图 B-7　建筑施工图练习

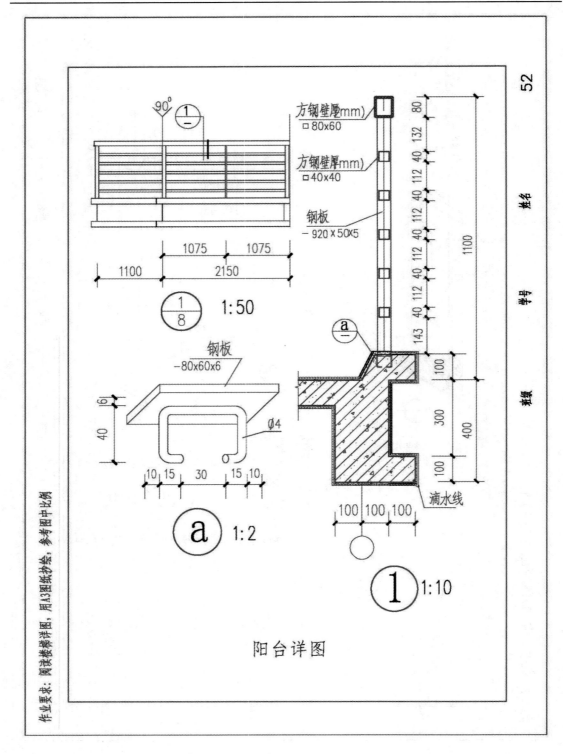

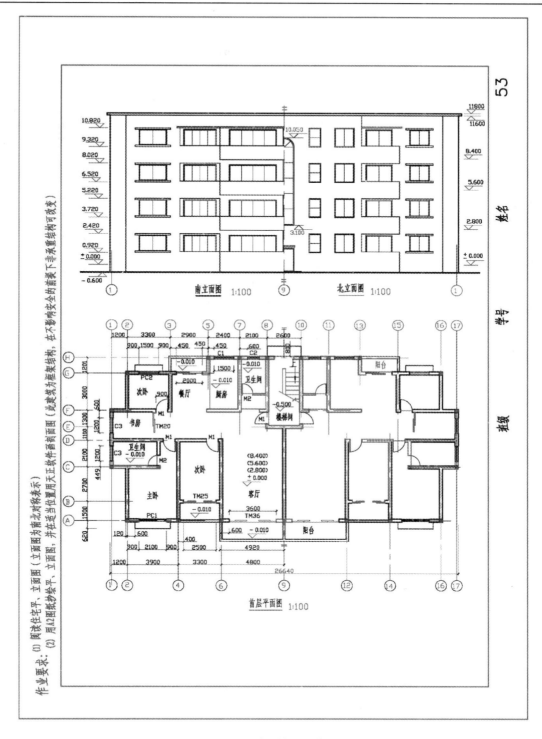

图 B-9　建筑施工图练习

参 考 文 献

[1]　马彩祝，等. CAD 技术[M]. 广州：华南理工大学出版社，2008.

[2]　曹琳. 土木工程制图土木工程 CAD 二维绘图教程. 北京：科学出版社，2017.

[3]　陈晓东. AutoCAD 2018 建筑设计从入门到精通[M]. 2 版. 北京：电子工业出版社，2018.

[4]　董代进. 机械 CAD[M]. 重庆：重庆大学出版社出版，2018.

[5]　李晓宏. AutoCAD 计算机绘图基础[M]. 南京：东南大学出版社，2010.

[6]　张启光.计算机绘图(机械图样): AutoCAD 2012[M]. 3 版. 北京：高等教育出版社，2017.

[7]　朱勇. 计算机绘图(CAD)[M]. 北京：清华大学出版社，2017.

[8]　王莹. 土木工程 CAD 二维绘图教程[M]. 北京：中国电力工业出版社，2017.

[9]　谷康. 园林制图与识图[M]. 南京：东南大学出版社，2010.

[10]　董南. 园林制图[M]. 南京：东南大学出版社，2010.

[11]　李祥. 室内设计 CAD 教程[M]. 南京：东南大学出版社，2010.

[12]　天工在线. AutoCAD 2018 计算机绘图基础[M]. 北京：中国水利水电出版社，2017.

[13]　CAD 辅助设计教育研究室.中文版 AutoCAD 2015 实用教程[M].北京：人民邮电出版，
　　　2016.